ANDREW MARTIN

ANDREW MARTIN 国际室内设计大奖

第25届作品征集

25 th

截止时间：
2020/12/30

联系方式：
150-1058-0132（同微信）
010-84270361 转 121

ANDREW MARTIN
国际室内设计大奖

24th

INTERIOR DESIGN REVIEW

第 24 届
安德鲁·马丁国际室内设计
大奖获奖作品

[英]马丁·沃勒　编著

卢从周　译

北京安德马丁文化传播有限公司　总策划

凤凰空间　出版策划

江苏凤凰科学技术出版社

南　京

图书在版编目（CIP）数据

第 24 届安德鲁·马丁国际室内设计大奖获奖作品 /
（英）马丁·沃勒编著；卢从周译 . -- 南京 ：江苏凤凰
科学技术出版社 ，2020.11
ISBN 978-7-5713-1449-1

Ⅰ．①第… Ⅱ．①马… ②卢… Ⅲ．①室内装饰设计
－作品集－世界－现代 Ⅳ．① TU238.2

中国版本图书馆 CIP 数据核字 (2020) 第 178223 号

第 24 届安德鲁·马丁国际室内设计大奖获奖作品

编　　　著	［英］马丁·沃勒
译　　　者	卢从周
项 目 策 划	杜玉华
责 任 编 辑	赵　研　刘屹立
特 约 编 辑	杜玉华　王梦青

出 版 发 行	江苏凤凰科学技术出版社
出版社地址	南京市湖南路 1 号 A 楼，邮编：210009
出版社网址	http://www.pspress.cn
总 经 销	天津凤凰空间文化传媒有限公司
总经销网址	http://www.ifengspace.cn
印　　　刷	广州市番禺艺彩印刷联合有限公司

开　　　本	965 mm × 1270 mm 1/16
印　　　张	32
字　　　数	154 000
版　　　次	2020 年 11 月第 1 版
印　　　次	2020 年 11 月第 1 次印刷

标 准 书 号	ISBN 978-7-5713-1449-1
定　　　价	598.00 元（精）

图书如有印装质量问题，可随时向销售部调换（电话：022-87893668）。

20世纪20年代经常被认为是20世纪设计的黄金年代。第一次世界大战结束后，一时间涌现出一大批非常具有创意的艺术家，如毕加索、马蒂斯等，他们加入当时的建筑师和设计师的行列，力图改变世界。乐观主义引导人们以新的方式审视色彩、图案和肌理，后来发展为装饰艺术。

100年后的今天，我们看到了林林总总的皮制家具、几何图案的面料，仿佛昔日的繁荣犹在。但是，2020年和以往截然不同，区别在于其巨大的设计多样性。可以想象，再过100年，当下的设计根本不可能归为一类。

《第24届安德鲁·马丁国际室内设计大奖获奖作品》收录了当今优秀设计师大量的设计作品和创意。相信100年后的人们翻阅本书，回顾现在这段历史时，一定会将我们今天视为另一个黄金年代。

马丁·沃勒

目录

案例详情介绍扫码可见

吴滨

设计师：吴滨（Ben Wu）

公司：无间设计，中国上海。2020年安德鲁·马丁国际室内设计大奖全球年度大奖获得者。无间设计拥有一支具有国际视野的团队，形成了集建筑、室内、软装、产品设计于一体的专业体系，专注于为空间赋予独一无二的价值。为中国房地产品牌50强提供服务，不止是呈现独到设计，更结合品牌、商业、人群及定位需求，提供全考量、定制化的解决方案。目前的项目包括中国秦皇岛的阿那亚黄金海岸社区、苏州的酒店项目及各种住宅项目，还有美国纽约的一家餐厅设计。近期项目包括安吉绿城桃花源、汤臣一品翠湖天地、仁恒滨江园和天玺壹号。

设计理念：摩登东方。

史蒂芬·法尔克

设计师： 史蒂芬·法尔克（Stephen Falcke）

公司： 史蒂芬·法尔克室内设计公司，南非约翰内斯堡。专注于住宅、精品酒店和帐篷酒店设计。近期的项目包括加拿大温哥华惠斯勒的滑雪度假屋设计、荷兰阿姆斯特丹的一座公寓设计、以色列的一座别墅设计，以及南非周边的多个项目。

设计理念： 兼收并蓄，传统与现代相结合。

基特·肯普

设计师： 基特·肯普（Kit Kemp），伦敦和纽约芬代尔酒店集团创始人兼创意总监

公司： 基特·肯普设计工作室，英国伦敦。主要设计住宅、零售和酒店餐饮空间。目前的项目包括位于美国纽约翠贝卡的新建酒店和英国伦敦沃伦街酒店、伦敦索霍区新建的商住两用高层项目以及纺织品系列和照明系列的创意研发项目。近期的项目包括美国纽约波道夫古德曼百货和英国的两个大型住宅项目，出版她的第三本书《设计的思路》，以及伦敦和纽约芬代尔酒店套房和客房的翻新设计。

设计理念： 细节决定一切。

设计师： 特伦斯·蒂斯代尔（Terence Disdale）

公司： 特伦斯·蒂斯代尔设计有限公司，英国萨里郡里士满。这家领先的豪华游艇设计工作室成立于1973年。目前的项目包括3艘长100米以上的全定制超级游艇。近期的游艇作品包括长147米的MY TOPAZ号、长163米的MY ECLIPSE号和长82米的MY KIBO号。

设计理念： 永恒的优雅。

德雷克/安德森

设计师：杰米·德雷克（Jamie Drake）和凯莱布·安德森（Caleb Anderson）

公司：德雷克/安德森，美国纽约。这家设计公司专门从事住宅和商业室内设计，项目和客户遍布全球。近期的工作包括翻新和设计一座位于英国伦敦的历史悠久的联排别墅、位于美国纽约翠贝卡的一栋地标性的整层公寓和亚利桑那州的一座当代冬季住宅。目前的工作包括翻新凯莱布自己位于纽约的公寓、翻新一座位于纽约中央公园西的二战前的大型公寓，以及设计曼哈顿上东区一家餐厅。

设计理念：复杂精致伴随着惊喜。

潘冉

设计师： 潘冉（Jaco Pan）

公司： 名谷设计，中国南京。成立于2007年，目前的项目包括南京老门东红公馆中餐厅、九月森林样板别墅和及道美术馆。近期的作品包括位于南京紫金山上的紫金山院和上海石门二路上的一个历史建筑改造。

设计理念： 以人文主义为基础，将工匠精神和先锋艺术融入设计过程。

案例详情介绍扫码可见

MING
GU
DESIGN

名谷設計

吉米马丁

设计师： 吉米·卡尔森（Jimmie Karlsson）和马丁·尼尔马尔（Martin Nihlmar）

公司： 吉米马丁，英国伦敦。专注于英国国内外的住宅和商业项目，以及自己的定制家具和艺术品业务。目前的项目包括澳大利亚一座充满艺术气息的有6个卧室的海滩别墅、位于丹麦哥本哈根的近1000平方米的办公室、位于英国伦敦骑士桥的约230平方米的豪华公寓，以及位于伦敦莱斯特郡的一座约418平方米的乡村别墅。近期的工作包括位于英国伦敦诺丁山的一栋5层联排别墅、位于伦敦赫尔恩山的一栋折中主义住宅设计，以及位于伦敦西区的格罗夫公寓设计。

设计理念： 与众不同，精致、性感。

设计师：伊莲娜·阿基莫娃（Elena Akimova）

公司：阿基莫娃设计公司，奥地利维也纳。专注于欧洲各地的豪华室内设计项目，包括住宅、精品酒店、画廊和公共空间。目前进行中的项目包括位于俄罗斯莫斯科的一座现代化住宅、圣彼得堡的一家精品酒店，以及摩纳哥和德国柏林的公寓。近期的项目包括位于奥地利魏森巴赫的一栋私人住宅和俄罗斯莫斯科的两座公寓。

设计理念：非常规、动感、质感。

伊莲娜·阿基莫娃

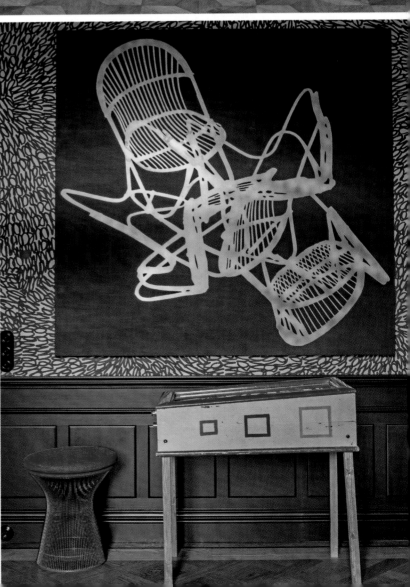

斯科特·桑德斯

设计师： 斯科特·桑德斯（Scott Sanders）

公司： 斯科特·桑德斯有限责任公司，美国纽约和佛罗里达州棕榈滩。这是一家提供全方位服务的室内设计公司，专注于定制设计业务，在纽约和棕榈滩均设有办事处。目前的项目主要在美国，包括东汉普顿的水上住宅、一个可以俯瞰波士顿公园的复式公寓和新泽西州的一座古建住宅。近期的工作包括棕榈滩的标志性地产项目、曼哈顿东河的公寓以及棕榈滩地标性建筑中的一座公寓。

设计理念： 超前、入时、放松、亲和。

比尔·本斯利

设计师：比尔·本斯利（Bill Bensley）

公司：本斯利公司，泰国曼谷和印度尼西亚巴厘岛。专注于在亚洲及其他地区开发设计酒店、度假村、私人住宅和宫殿等。目前的项目包括位于泰国山区的一个火车式度假村、越南河内的一家以歌剧为灵感的酒店，以及泰国曼谷河边的素

可泰酒店设计。近期的工作包括位于越南萨帕的Hotel de la Coupole奢华酒店、柬埔寨的Shinta Mani Wild度假村和印度尼西亚巴厘岛德格拉朗的设计。

设计理念：无奇特不设计。

刘建辉

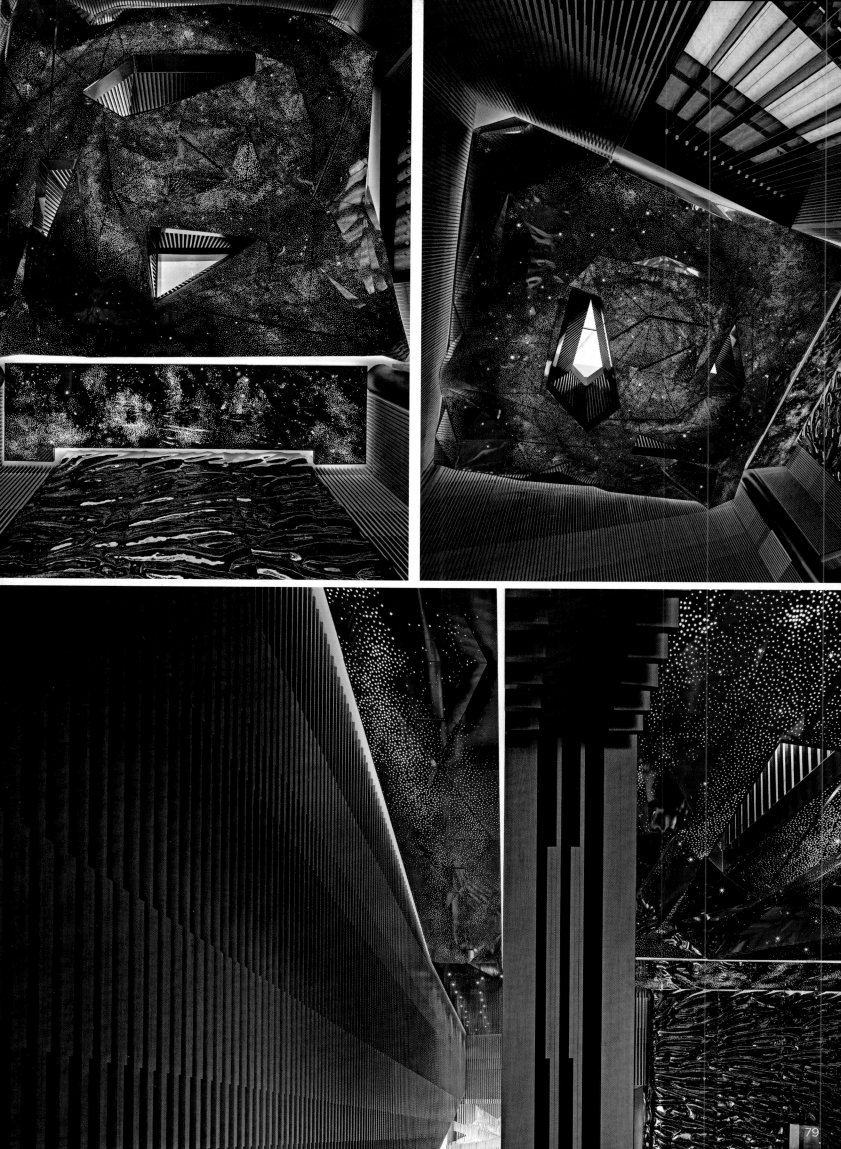

案例详情介绍扫码可见

设计师： 刘建辉（Idmen Liu）

公司： 矩阵纵横，中国深圳。致力于高端建筑、景观、室内、产品、平面及施工设计。目前的项目包括历史悠久的成都将军府酒店、深圳1-7面包店和翻修南京仁恒博物馆。近期的项目包括昆明山海美术馆、时代地产佛山狮山会所和德清莫干山语度假村。

设计理念： 自然是创造的源泉。

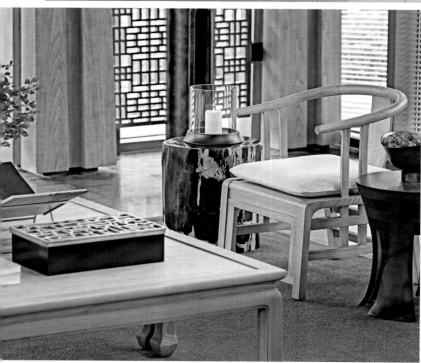

丽兹·卡安

设计师：丽兹·卡安（Liz Caan）

公司：丽兹·卡安公司，美国马萨诸塞州牛顿。提供全方位服务的室内设计，专注于翻新重修或局部改造中的创造性进化。目前的项目包括位于美国的科德角海滨家庭住宅设计、新罕布什尔州湖畔庄园设计以及马萨诸塞州波士顿和周边地区的各种住宅设计。近期的作品包括一座迷人的历史悠久的佛蒙特州农舍、一座位于纽约市的住宅和一座位于马萨诸塞州剑桥的家庭庄园设计。

设计理念：宜居、充满活力的空间。

伯恩德·格鲁伯

设计师：菲利普·霍夫勒那（Philipp Hoflehner）（左一）

公司：伯恩德·格鲁伯公司，奥地利基茨比厄尔。概念性的室内设计和传统手工工艺的结合，使伯恩德·格鲁伯公司成为一个在奥地利甚至国际知名的独特品牌。目前的项目包括位于法国南部的一栋别墅、位于卢森堡的两座极简主义住宅和位于意大利博尔扎诺的一座经典别墅。近期的作品包括在奥地利基茨比厄尔建造的小木屋、位于德国雷根斯堡的一座老别墅翻修和康斯坦斯湖的现代主义住宅。

设计理念：整体性设计从尊重人、尊重当地和尊重传承入手。

DENTON HOUSE

设计师： 瑞贝卡·布婵（Rebecca Buchan）

公司： Denton House设计工作室，美国盐湖城。Denton House住宅设计工作室在私人住宅设计和度假村行业中创建了一个具有辨识度的品牌，它是世界级设施的象征，拥有无与伦比的便利设施和随性优雅的服务标准。目前的项目包括在葡萄牙规划和设计一个私人海滨度假村，位于墨西哥卡波圣卢卡斯的几处住宅的定制设计，以及在马达加斯加一个偏远岛屿上开发的度假村项目。近期的工作包括位于墨西哥圣何塞德卡波的奢华水疗中心设计、美国蒙大拿州怀特费什的会员制滑雪俱乐部会所和水疗中心设计，以及美国内华达州拉斯维加斯的豪华住宅设计。

设计理念： 倾听心声，永葆初心，超越期望。

菲奥娜·巴拉特
室内设计

设计师： 菲奥娜·巴拉特-坎贝尔（Fiona　Barratt-Campbell）

公司： 菲奥娜·巴拉特室内设计，英国伦敦。这是一家由屡获殊荣的设计师菲奥娜·巴拉特-坎贝尔领导的跨学科设计工作室。专门为英国和世界各地的国际豪华住宅、酒店、餐饮和开发商提供全套精装设计服务。目前的项目包括位于俄罗斯莫斯科市中心的一座大平层家庭公寓、位于英国北约克郡一个入选英国二级保护名录的佐治亚庄园，以及为一个大型开发商设计的样板套房，其中包括位于切尔西的重要保护建筑，以及其商业和住宅区设计。近期的项目包括位于中国香港的K11阿尔特斯酒店顶层公寓设计，列入英国二级保护名录的位于巴斯圆形广场的佐治亚乡间别墅，英格兰湖区一座家庭住宅的翻新和扩建设计。

设计理念： 混搭而独特的质感构成精致的设计。

艾什比工作室

设计师：苏菲·艾什比（Sophie Ashby）

公司：艾什比工作室，英国伦敦。专注于英国国内外的室内建筑和室内设计，主要从事私人住宅和豪华住宅开发。目前的项目包括英国一栋位于布莱顿的海滨住宅，一栋位于贝尔格拉维亚的联排别墅、一栋位于南肯辛顿的年轻家庭住宅，以及位于摄政公园的一处住宅。近期的工作包括位于考文特花园的一栋顶楼平层豪华公寓，一处位于荷兰公园的私人住宅，一栋位于海德公园入选英国二级保护名录的爱德华时代工艺品住宅（该住宅曾归詹姆斯·马修·巴里所有，其在该住宅写下《彼得·潘》）。

设计理念：由美丽驱动、发现和叙事性。

黄伟

设计师： 黄伟（David Hwang）

公司： 西安黄世昌设计装饰工程公司，中国陕西省。目前已完成1000多个项目，工作重点是在北京、上海、无锡、南昌、成都、重庆、西安、兰州、银川等地开展定制设计和施工服务。目前的项目包括陕西安康的一个地产项目和山东的一个艺术餐厅项目。近期的项目包括西安的一家音乐餐厅。

设计理念： 反对平庸。

案例详情介绍扫码可见

设计师：迈克尔·德尔·皮耶罗（Michael Del Piero）

公司：迈克尔·德尔·皮耶罗优秀设计公司，美国芝加哥。一家提供全方位服务的室内设计公司，在芝加哥和汉普顿均设有工作室，在全美国范围内从事从地面建筑到装修的各种项目。目前的项目包括美国位于佛罗里达州棕榈滩的私人海滨住宅、位于纽约州布里奇汉普顿的一个家庭住宅区，以及作为伊利诺伊州芝加哥市主要住宅的城市工业空间的翻新。近期的工作包括完成位于美国佐治亚州萨凡纳的私人住宅设计，位于威斯康星州方杜拉克的湖滨乡村住宅设计，以及位于纽约州阿马甘塞特的一个现代化谷仓设计。

设计理念：植根经典，建筑导向，风格多样。

迈克尔·德尔·皮耶罗

凯瑟琳·普莉

设计师： 凯瑟琳·普莉（Katherine Pooley）

公司： 凯瑟琳·普莉设计工作室，伦敦骑士桥。凯瑟琳的工作室以其设计具有突破性和技术复杂性的住宅和商业项目而闻名于世。目前的项目包括地处法国南部一座大型花园内的城堡设计；英国伦敦一座需要在6个月内完全翻新，带有泳池和水疗中心的联排别墅设计；中国香港的一座极致豪华别墅的开发设计。近期的项目包括一位科威特老主顾的超大规模别墅设计、中国香港的一处大型商业空间设计，以及一座位于卡塔尔多哈的当代新建私人别墅设计（凯瑟琳已经为该项目工作了4年）。

设计理念： 真正的优雅超越时间、地点和潮流。

哈尔+克雷恩

设计师： 梅丽尔·哈尔（Meryl Hare）

公司： 哈尔+克雷恩，澳大利亚悉尼。专注于澳大利亚国内外的定制住宅室内设计。目前的项目包括位于中国的一处大宅，位于澳大利亚悉尼的一座乡间地产项目和几处海滨住宅。近期的项目包括澳大利亚新南威尔士州沿海的海滩别墅，一个仓库／工厂改造，以及两个顶层豪华公寓项目。

设计理念： 创造本真空间。

私人住宅
设计公司

设计师： 伊芳·奥布莱恩（Yvonne O'Brien）

公司： 私人住宅设计公司，南非约翰内斯堡。专注于南非国内和国外的豪华室内设计，包括一级和二级住宅项目，以及狩猎木屋和精品酒店。目前的项目包括南非约翰内斯堡的两栋新住宅，以及翻修津巴布韦的一栋旅馆。近期的工作包括翻修南非伦多洛兹野生动物保护区、位于林波波的一处私人度假屋、位于约翰内斯堡斯泰恩城的新建筑以及位于夸祖鲁-纳塔尔的一处豪华地产海滨住宅。

设计理念： 精致、温暖，灵感来自微妙的大自然和自然光。

设计师：李想（Li Xiang）

公司：唯想国际，中国上海。专注于室内空间（主要在中国），包括零售商店、娱乐场所、办公室、精品酒店和餐厅设计。目前的项目包括幼儿园、度假酒店和室内游乐场，这些项目全部在中国。近期的项目包括中国西安的一家主题影院、北京西单老佛爷百货钟书阁书店、昆山万象汇儿童主题公区改造项目等。

设计理念：通过开发新颖的空间创造沉浸式的体验，给大众带来意想不到的惊喜。

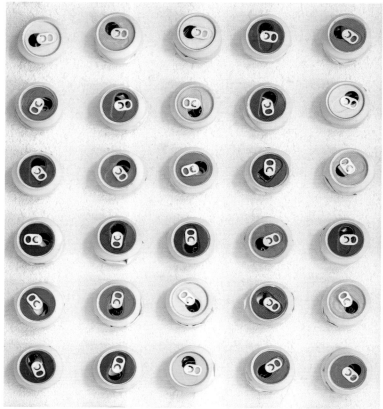

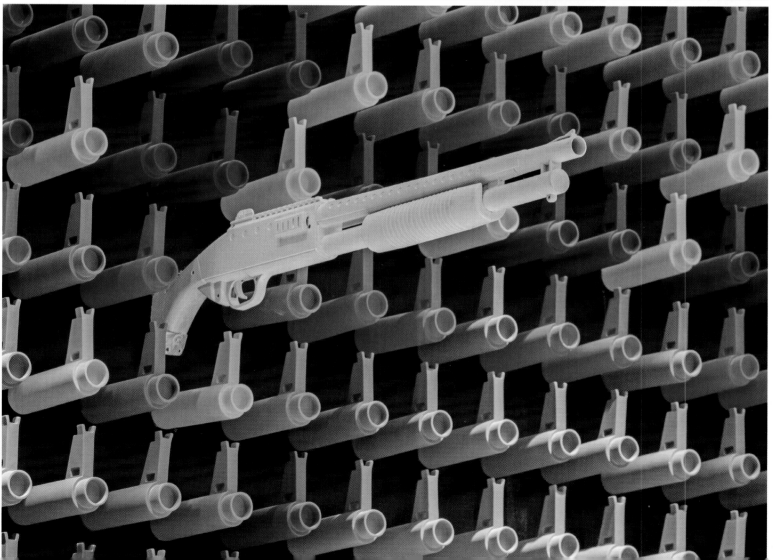

瑞贝卡·考德维尔
设计公司

设计师：瑞贝卡·考德维尔（Rebekah Caudwell）和尼古拉斯·杜帕（Nicolas Dupart）

公司：瑞贝卡·考德维尔设计公司，美国纽约市。一对夫妻设计组合，专注于英国伦敦和美国纽约、汉普顿和洛杉矶的豪宅设计。目前的项目包括一个中世纪的现代住宅和一个公馆项目（两个项目都位于好莱坞山），以及纽约西村联排别墅。近期的项目包括美国纽约市格林威治村的一座联排别墅、法国昂蒂布角的水上小屋和英国伦敦布鲁姆斯伯里联排别墅。

设计理念：设计的最佳方法——用灵魂和真心去设计。

特鲁迪·米拉德

设计师：特鲁迪·米拉德（Trudy Millard）（图右一）

公司：米拉德设计工作室，澳大利亚悉尼。立足高端住宅室内建筑和室内设计，专注于澳大利亚国内外豪华的第一和第二住所设计。目前的项目包括一个位于澳大利亚贝尔维尤山的大型家庭花园宅邸、悉尼市中心的城市联排和传统的东墨尔本备用住宅。近期的项目包括英国伦敦的一座当代联排别墅，一座可以俯瞰澳大利亚悉尼著名的百年公园的19世纪初遗产级住宅，以及澳大利亚新南威尔士州北部海滩上一艘豪华超级游艇的翻新设计。

设计理念：思考，舒适，升华，细节。

池贝知子

设计师： 池贝知子（Tomoko Ikegai）

公司： ikg株式会社，日本东京。ikg成立于2006年，以其全面的设计服务和量身定制的空间设计而闻名。目前的项目包括中国北京的一家商业综合体书店、日本东京的一栋豪华住宅以及一家知名家具品牌展厅设计。近期的项目包括两家书店——位于中国的西安"言又几"迈科商业中心旗舰店和深圳的"前檐"书店，以及日本东京一家老牌贸易公司新建大楼的大堂。

设计理念： 创造空间，传递信息，丰富生活。

伊丽莎白·梅特卡尔夫室内设计

设计师：伊丽莎白·梅特卡尔夫（Elizabeth Metcalfe）

公司：伊丽莎白·梅特卡尔夫室内设计，加拿大多伦多。该公司是一家多学科设计机构，涉猎广泛，专注于豪华私人住宅设计。近期的作品包括加拿大一座受酒店启发、可以俯瞰多伦多海滨的顶层豪华公寓设计；一座坐落于郊外、深受艺术收藏家钟爱的百年农舍的翻修；以及一项具有历史的当代扩建工程，其中包括一个引人瞩目的原始马车房设计。目前的项目包括为美国纽约时装设计师及其家人设计的非传统住宅、一座位于洛杉矶的海滨度假屋，以及一座背靠加拿大最负盛名之一的高尔夫球场的法式石灰岩豪宅。

设计理念：分层叙事，融汇古今。

张清平

设计师：张清平（Chang Ching-Ping）

公司：天坊室内设计计划，中国台湾台中市。专注于豪华室内和建筑设计，包括私人住宅、高端住宅开发和精品酒店设计。目前的项目包括位于邯郸环球中心的美食林集团会所，武汉当代天誉会所、样板房，宝能城会所、样板房。

设计理念：心奢华、豪宅学。

凯莉·赫本

设计师：凯莉·赫本（Kelly Hoppen MBE）

公司：凯莉·赫本室内设计公司，英国伦敦。她是一位屡获殊荣的设计师，她与她的团队一起，为在住宅、游艇、飞机、酒店、邮轮、餐厅、水疗中心、公寓楼开发项目上留下自己的标志性设计印记而感到自豪，同时也为世界各地的品牌和商业客户提供了创造性、有标识性的设计服务。目前的项目包括欧洲和亚洲的多处私人住宅项目，亚洲的一系列公寓样板房和一个顶层豪华套房，非洲毛里求斯的一个酒店度假村，以及若干游轮的开发和翻新设计。近期的项目包括英国和欧洲其他国家的私人住宅，几个游艇设计以及若干酒店和游轮项目。

设计理念：温暖平和，东西方融合。

ADD
BURO

设计师： 因娜·扎维亚洛娃（Inna Zaviyalova）

公司： ADD buro，俄罗斯莫斯科、瑞士圣加仑。专注于住宅设计。目前的项目包括位于瑞士的半木结构住宅和建构主义别墅，以及俄罗斯莫斯科的一栋联排别墅。近期的项目包括瑞士和西班牙的别墅，法国南部的一座庄园和俄罗斯莫斯科地区的住宅设计。

设计理念： 把客户的梦想变成真正的家。

里加·卡萨诺瓦

设计师： 里加·卡萨诺瓦（Ligia Casanova）

公司： 里加·卡萨诺瓦工作室，葡萄牙里斯本。专注于葡萄牙国内外的室内建筑设计，包括第一和第二豪华私人住宅设计、郊区度假酒店和精品酒店设计。近期的项目都在葡萄牙，包括一些旅游和住宅项目。目前的项目包括葡萄牙南部的各种旅游项目、阿连特茹的一个家庭农舍以及葡萄牙和巴西的住宅。

设计理念： 创造空间的幸福感。

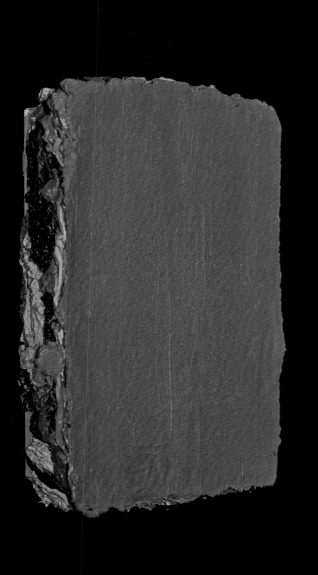

池陈平

设计师：池陈平（Chi Chenping）

公司：OTL本体建筑空间设计，中国杭州。凭借着对设计的独特理念，致力于私人住宅研究、多样化的商业空间设计及高端定制化的设计服务。目前的项目包括三亚的艾迪逊·晋园独栋别墅设计和杭州多幢别墅住宅设计。近期的项目包括杭州九溪玫瑰园的一个别墅庄园、杭州紫金梦想广场的房地产总部办公空间设计、金华厚大溪地块艺术文化度假村的设计等。

设计理念：谦逊、尊重、平衡、诗意。

哈利艾特·
安斯特卢瑟

设计师： 哈利艾特·安斯特卢瑟
（Harriet Anstruther）

公司： 哈利艾特·安斯特卢瑟设计
工作室，英国西萨塞克斯郡佩特沃
斯。一家主要从事伦敦和英格兰南
部住宅项目的私人设计工作室。其
项目还包括博物馆、画廊、花园和
新闻业的策展和咨询业务。目前的
工作包括几个图书项目、位于英国
萨塞克斯郡的一座佐治亚住宅和庄
园设计，以及伦敦的一家博物馆内
的咖啡厅和商店设计。近期的项目
包括贝德福德郡一个大型私人庄园
的建筑室内设计和陈设，包含多栋
附属建筑。

设计理念： 悠闲、奢华。

格雷格·纳塔尔

设计师：格雷格·纳塔尔（Greg Natale）

公司：格雷格·纳塔尔设计公司，澳大利亚悉尼。专注于豪华建筑、室内设计和生活家居用品设计。在全球从事住宅、商业和酒店餐饮设计。目前的项目包括澳大利亚布里斯班一家满目生机的绿色屋顶餐厅、悉尼一个大型海港住宅以及位于墨尔本的Cotton On时装集团全球总部和员工中心设计。近期的项目包括位于悉尼的全新的格雷格·纳塔尔旗舰店，墨尔本富人区图拉克的一个大型住宅项目，以及新系列壁纸、家具和靠垫的设计。

设计理念：定制、层次、宜居的奢华。

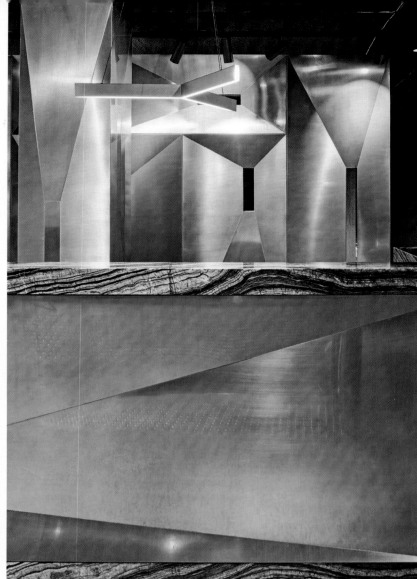

福克斯·布朗恩
创意公司

设计师： 克里斯 · 布朗恩（Chris Browne）

公司： 福克斯 · 布朗恩创意公司，南非约翰内斯堡。在建筑设计、室内设计和酒店餐饮运营方面提供创新服务，对行业产生积极的影响。目前的项目包括赞比亚的赞比西国家公园的豪华帐篷营地；英国伦敦骑士桥私人住宅的大型翻新以及印度古吉拉特邦吉尔国家公园30间客房的豪华度假酒店设计。近期的项目包括肯尼亚海岸的一座私人海滩别墅，博茨瓦纳奥卡万戈三角洲的豪华帐篷营地，以及南非夸祖鲁-纳塔尔一个私人野生动物保护区的别墅设计。

设计理念： 为空间的非凡美丽注入亲切的体验、活力、激情、大度和趣味。

凯瑟琳·艾尔兰

设计师： 凯瑟琳·M. 艾尔兰（Kathryn M. Ireland）

公司： 凯瑟琳·M. 艾尔兰公司，美国洛杉矶。凯瑟琳被认为是世界上最有影响力的室内和纺织品设计师之一，曾主演过布拉沃的《百万美元装饰师》，并编著出版了六本关于设计和娱乐的书籍。她的设计针对生活的日常，包括家庭、友人和动物。她的工作遍布全球，项目大部分在欧洲和美国。目前的项目包括美国棕榈滩附近的一处住宅、好莱坞山上一位英国演员的家、位于卡梅尔的一位高管的住宅以及她自己在东海岸的房产的翻新设计，外加"完美空间"（完美空间是一个推荐顶级设计师的在线电子商务平台）上的数字化设计服务。

设计理念： 融合欧洲传统与东西海岸风格。

杨东子和林倩怡

案例详情介绍扫码可见

设计师： 杨东子和林倩怡（Dongzi Yang & Qianyi Lin）

公司： 万社设计，中国深圳。专业范围涵盖了建筑空间、室内设计、材料研究、平面和交互设计。目前的项目包括一家黑珍珠高级餐厅、邻舍有机餐厅、深圳南头历史建筑的翻新设计，以及北京的一个商业项目。近期的项目包括浙江的一处公寓设计、三亚的一家酒店翻新设计和华南的一所国际学校设计。

设计理念： 设计不应该有那么多的限制，它应该是一个更加自由、个性、阐述故事的过程。

皮帕·佩顿

设计师： 皮帕·佩顿（Pippa Paton）

公司： 皮帕·佩顿设计公司，英国牛津郡。这是一家精品室内设计和建筑设计公司，专注于当代生活中科茨沃尔德时期住宅的维护改造，以适应当代生活。目前的项目包括一个入选英国二级保护名录的科茨沃尔德庄园、多座牛津郡乡村别墅和一座伦敦联排别墅。近期的工作包括位于科茨沃尔德的一处入选英国二级保护名录的房产和众多乡村房屋与谷仓的维护设计。

设计理念： 创造未来基于尊重过去。

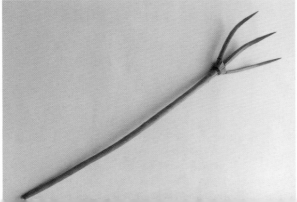

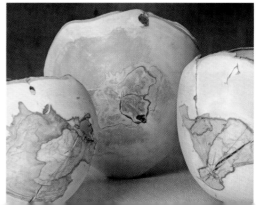

设计师：布雷恩尼·诺斯
（Blainey North）

公司：布雷恩尼·诺斯设计咨询公司，悉尼、伦敦、纽约。该公司是一家全球性的设计机构，专门为澳大利亚和世界各地的五星级和六星级酒店、高级住宅、定制商业与零售项目等进行室内建筑设计。目前的项目包括美国曼哈顿的VIP住宅和澳大利亚悉尼最豪华的一些住宅，澳大利亚墨尔本图拉克的一个豪宅和一个六星级豪华酒店的水疗中心。近期的作品包括一艘53米的豪华巴格利托超级游艇，悉尼市中心顶层豪华套房和一座法国风格的海滨豪宅。

设计理念：好的设计和好的结构能共同成就永恒的室内空间。

布雷恩尼·诺斯

MUZA
设计
研究室

设计师： 因格·摩尔（Inge Moore）和内森·哈钦斯（Nathan Hutchins）

公司： MUZA设计研究室，英国伦敦。这是一家以不受约束设计而著称的专注于精品设计的设计机构，它将梦想变成现实。目前的项目包括对20世纪30年代标志性的超级游艇马拉拉（Marala）进行翻新设计，西班牙巴塞罗那文华东方酒店和马尔代夫芬诺尔湖度假村设计。近期的项目包括位于博茨瓦纳贝蒙德萨武特的大象主题度假屋，一家巴西里约热内卢最火爆的Carioca餐厅之一——贝尔蒙德科帕卡巴纳皇宫酒店的佩古拉餐厅，以及英国伦敦Rocco Forte's Browns酒店的多诺万酒吧（其灵感来自同名摄影师特伦斯·多诺万）。

设计理念： 自由和整体的设计创新使心灵相通。

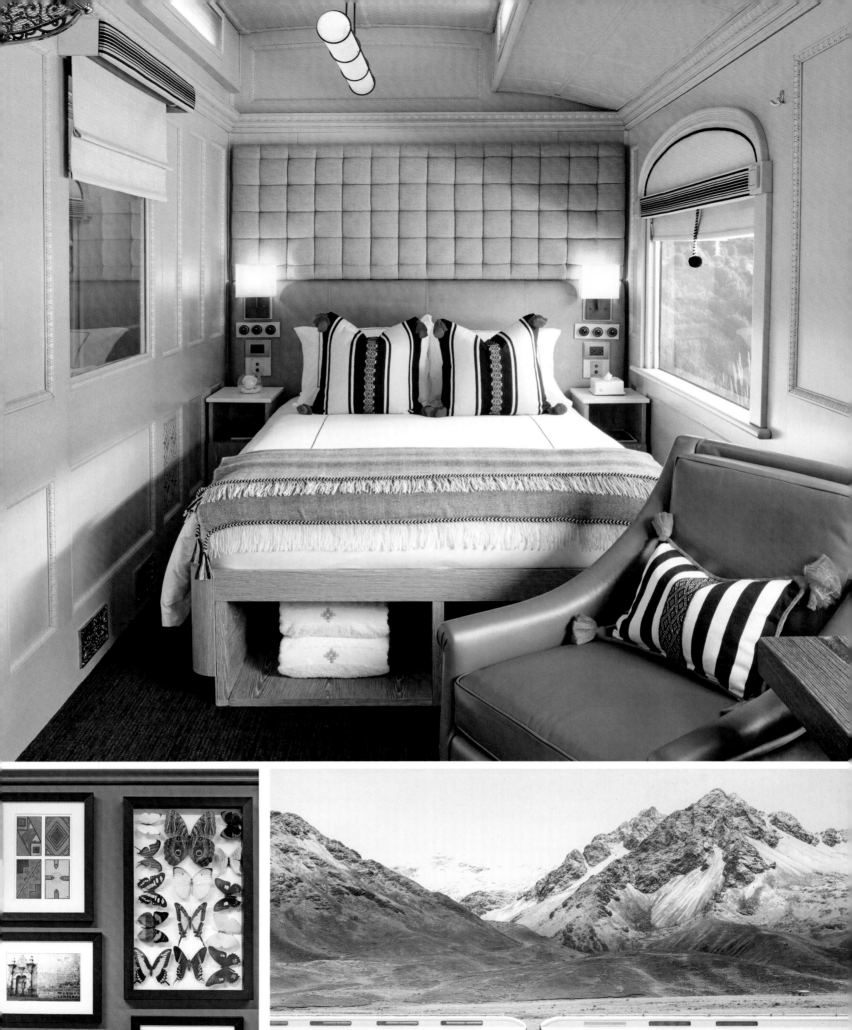

桑吉特·辛格

设计师：桑吉特·辛格（Sanjyt Syngh）

公司：桑吉特·辛格设计，印度新德里。该公司是一家专注于豪华空间的具有全球视野的室内建筑设计咨询公司。项目包括地产、私人住宅、精品店、餐厅和健身房设计。目前的项目包括位于印度新德里的一栋周末住宅，位于阿联酋迪拜的一处大型别墅和一处住宅。近期的工作包括新德里的一座别墅设计，孟买的一个大型办公空间和古尔冈的大型健身房设计。

设计理念：国际奢华。

孙天文

设计师：孙天文（Tianwen Sun）

公司：上海黑泡泡建筑装饰设计工程有限公司，中国上海。专注于酒店、会所和办公空间等商业设计。目前的项目包括上海一个展厅、杭州一栋写字楼和长春一处销售办事处。近期的项目包括丹阳的一家餐厅，一个销售办事处和会议中心，以及一个海滨俱乐部设计。

设计理念：挑战设计的边界。

案例详情介绍扫码可见

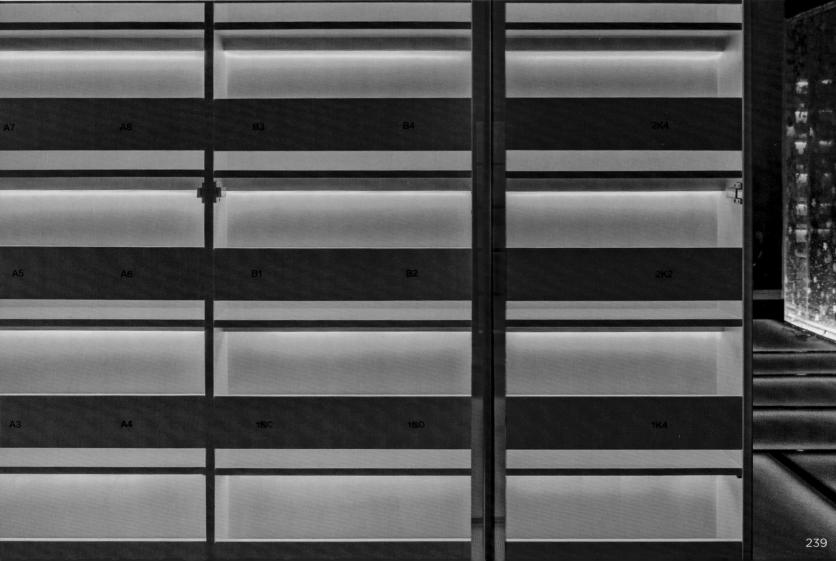

克里斯塔·哈特曼
室内设计

设计师：克里斯塔·哈特曼（Krista Hartmann）

公司：克里斯塔·哈特曼室内设计，挪威利萨克。专业从事大型住宅项目，并与专业的房地产开发商合作。目前的项目包括挪威奥斯陆峡湾水边的一座当代家庭住宅、森林深处的狩猎度假屋，以及奥斯陆一座老别墅的扩建翻新。近期的工作包括位于挪威山区的一个现代木屋项目的25间顶层豪华套房设计、位于挪威南部海边的一个迷人的避暑别墅设计和位于奥斯陆的一栋家庭住宅设计。

设计理念：为能实现客户的梦想而自豪。

菲利普·米切尔

设计师： 菲利普·米切尔（Philip Mitchell）

公司： 菲利普·米切尔设计公司，加拿大和美国。专注于北美、加勒比海地区和欧洲的住宅和酒店餐饮项目的室内建筑、设计和陈设。目前的项目包括加拿大北部的一座当代别墅、新斯科舍省一座具有重要历史意义的哥特式住宅的修复，加勒比海地区的一座新公寓，以及美国纽约上东区的一套公寓。近期的项目包括美国蒙大拿州黄石俱乐部的一个滑雪度假木屋、法国尼斯一个具有装饰艺术风格（Art Deco）的公寓修复，以及加拿大东海岸岛屿家庭住宅。

设计理念： 创造舒适、多层次的生活空间，满足每个客户独特的个性和生活方式。

迪兰·法瑞尔

设计师： 迪兰 · 法瑞尔（Dylan Farrell）

公司： 迪兰 · 法瑞尔设计公司，澳大利亚悉尼。迪兰 · 法瑞尔设计公司专注于为住宅、精品商业和酒店项目提供独立和详细的精品室内设计、室内建筑、家具设计以及装饰服务。目前的项目包括澳大利亚墨尔本郊外的一个20世纪中叶的海滨别墅，悉尼棕榈滩的一个地上住宅，以及悉尼帕丁顿的一栋5层高的露台别墅。近期的工作包括墨尔本一个现代主义住宅设计，悉尼派珀角一个成长家庭的家园设计，悉尼北岸一个历史悠久、富丽堂皇的住宅设计。

设计理念： 新装饰主义。

黄永才

设计师： 黄永才（Ray Wong）

公司： 共和都市设计（RMA），中国广州。致力于社区创新，项目涵盖俱乐部、酒店、餐厅、办公室和私人住宅。公司还赢得了众多全球顶级活动奖项。目前的项目包括广州的卡拉OK酒吧和别墅设计、西安凯琳诺酒店设计，以及深圳的一家皮肤管理公司的室内设计。

设计理念： 完美即束缚。

案例详情介绍扫码可见

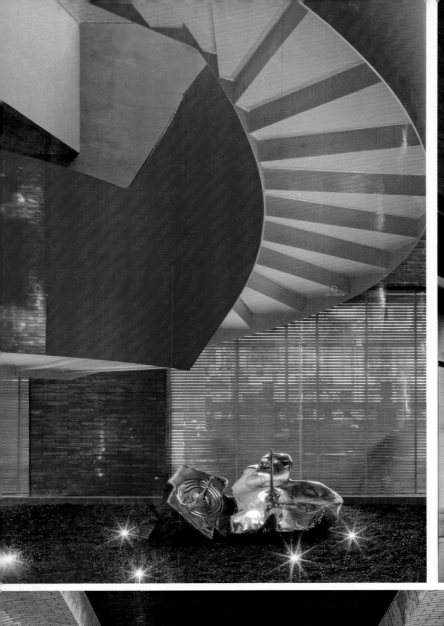

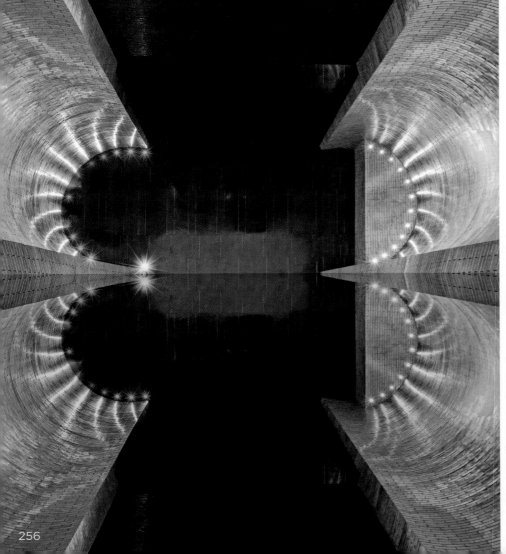

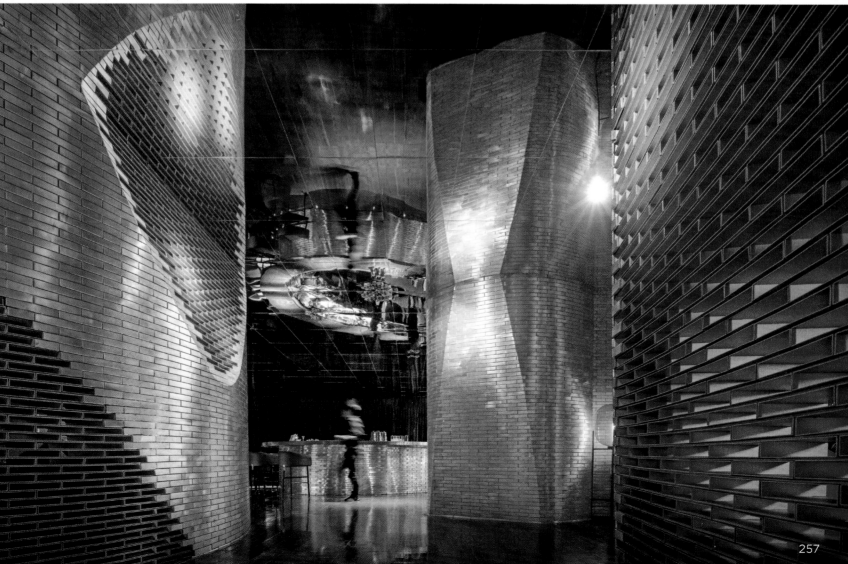

苏菲·佩特森

设计师： 苏菲·佩特森（Sophie Paterson）

公司： 苏菲·佩特森室内设计公司，英国伦敦。专门从事英国及海外豪华住宅室内设计和建筑设计。目前的项目包括位于阿曼的两栋别墅，英国切尔姆斯福德的一座大型住宅及伦敦地区十个包含完整建筑和室内设计的项目。近期的项目包括位于英国伦敦马里波恩的一个多单元开发项目，位于萨里的一个900多平方米的大型住宅，以及肯辛顿、贝尔格雷维亚和梅菲尔的几套公寓设计。

设计理念： 舒适性与设计感的平衡。

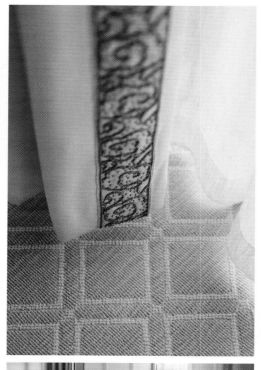

杜马伊斯设计公司

设计师： 凯文·杜马伊斯（Kevin Dumais）

公司： 杜马伊斯设计公司，美国纽约和康涅狄格州里奇菲尔德。为城市、乡村、海滩等周边区域提供高品质的住宅体验。目前的项目包括美国纽约哈勒姆区的一套复式公寓、格林威治村的一套家庭公寓以及康涅狄格州海岸的一套新建住宅。近期的项目包括位于佛罗里达州维罗海滩私人温莎俱乐部的一套住宅，索霍区的一套家庭复式顶层公寓，以及纽约公园大道上的一套二战前的公寓。

设计理念： 不懈追求优雅与舒适的平衡。

阿卜·贾尼/
桑迪普·考斯拉

设计师： 阿卜·贾尼（Abu Jani）和桑迪普·考斯拉（Sandeep khosla）

公司： 阿卜·贾尼和桑迪普·考斯拉设计公司，印度孟买。专注于印度国内外的豪华室内设计，包括第一和第二私人住宅。目前的项目包括位于印度穆索里山麓的一栋别墅、位于印度北部的一个山丘车站、位于果阿占地4000平方米的度假别墅，以及孟买市中心一个大型别墅。近期的项目包括在海得拉巴的一对年轻夫妇的家庭住宅；为孟买机场2号航站楼提供设计咨询服务；孟买的一处奢华办公空间；以及遍布德里、孟买、海德拉巴和果阿的所有阿卜·贾尼和桑迪普·考斯拉服装高定和Pret Lline连锁商店。

设计理念： 极繁主义，多多益善。

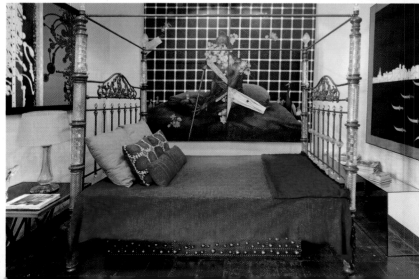

DESIGN INTERVENTION

设计师： 尼基·亨特和安德雷·萨维奇（Nikki Hunt & Andrea Savage）

公司： Design Intervention，新加坡。这是一家屡获奖项的室内建筑设计机构，项目遍布亚太地区。目前的项目包括一处几代同堂的家庭住宅，一处新加坡城市顶层豪华公寓和一个企业总部设计。近期的项目包括泰国曼谷市中心的一座顶层豪华公寓和澳大利亚的一幢家庭住宅。

设计理念： 营造更加舒适、宜居的生活环境。

黄全

设计师： 黄全（Huang Quan）

公司： 维几室内设计（上海）有限公司。这是一家前沿的室内设计公司，致力于顶级商业地产、酒店及度假村、高端会所、超高层办公楼等高级定制化的设计及软装服务，视每个项目都是一次打造独特创新设计的机会。其团队由近180余位设计师组成，从概念的提出、项目开发到监督等，都具备专业的知识、系统化的运营模式和大型项目的管理能力，极具行业竞争力。当前项目包括上海的一家酒店、书店、美术馆，昆明的会所，江苏的豪华别墅及成都的销售中心等。

设计理念： 形式追随功能。

案例详情介绍扫码可见

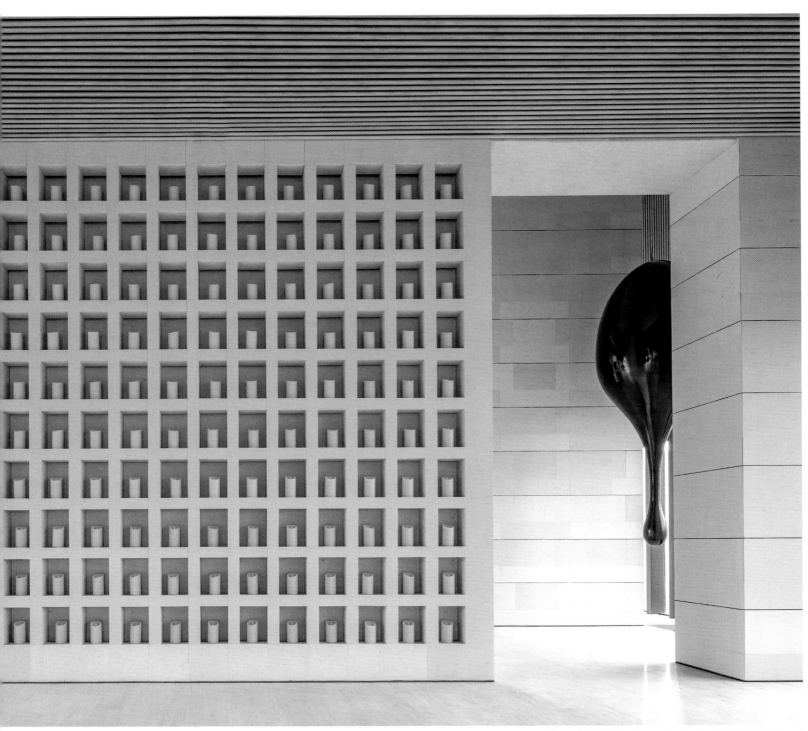

凯莉·费姆

设计师： 凯莉·费姆（Kelly Ferm）

公司： 凯莉·费姆设计公司，美国加利福尼亚州。专注于美国和全球豪华室内设计和建筑设计，包括住宅和精品商业项目。目前的工作包括沙特阿拉伯吉达、美国马里兰州贝塞斯达、加利福尼亚州纽波特海滩、马萨诸塞州南塔克特岛和华盛顿特区乔治敦的高端住宅地产设计，以及加利福尼亚州帕里塞德斯的精品水疗中心设计。

设计理念： 考究入时。

DING DONG

设计师: 迈克尔·米兰达(Michael Miranda)、玛利亚·若昂·冈卡尔弗斯(Maria Joao Goncalves)、大卫·戈麦斯(Davide Gomes)

公司: DING DONG设计工作室,葡萄牙波尔图和里斯本。这是一个致力于创造出具有平衡性与和谐性的建筑及室内设计工作室。目前的工作包括一家豪华酒店和一个顶层豪华公寓(两者均位于波尔图),以及一个位于里斯本奇亚多的公寓设计。近期的项目包括位于里斯本雷斯特洛的别墅、位于波尔图的联排别墅和滨海360度海景顶层公寓。

设计理念: 永恒的魔力。

西姆斯·希尔迪奇

设计师： 艾玛·西姆斯·希尔迪奇（Emma Sims-Hilditch）

公司： 西姆斯·希尔迪奇，英国格罗斯特郡和伦敦。这是一个建筑和室内设计相结合的设计工作室，项目包括从入选英国一级文物名录的联排别墅到遍布英国和欧洲的乡间地产项目。近期的工作包括修复英国兰开夏郡的一处历史文物住宅、同一位客户在伦敦的两栋联排别墅和位于巴斯的一座入选英国一级文物名录的摄政时期联排别墅。目前的项目包括位于伦敦的三座家庭住宅、位于根西岛的一个海滩别墅、位于珀斯郡和约克郡的地产项目，这些都将与一位著名建筑师合作。

设计理念： 优雅的当代英式生活。

克里斯蒂安斯和亨妮公司

设计师：赫莱妮·福布斯·亨妮（Helene Forbes Hennie）

公司：克里斯蒂安斯和亨妮公司，挪威奥斯陆。专注于全球高端室内设计。目前的项目包括位于西班牙马贝拉的三栋别墅、位于奥地利的一座木屋和一家精品酒店，以及位于意大利基安蒂的葡萄庄园设计。

设计理念：个性定制的优雅。

贾红峰

设计师： 贾红峰（Jia Hongfeng）

公司： 创时空设计，中国深圳。深圳创时空设计公司成立于2005年，专注高端地产室内与软装设计，涵盖高端会所、酒店、地产售楼处、别墅及样板间等多样化项目类型的创新和实践。最新项目包括漳州ITG样板房、东莞万科样板房和常熟销售中心。目前的项目包括3套常熟样板房、杭州一个体育展厅和销售中心以及胥口5个样板房设计。

设计理念： 承袭人文之间，创新意想之余。

泰勒豪斯设计公司

设计师： 凯伦·豪斯（Karen Howes）

公司： 泰勒豪斯设计公司，英国伦敦骑士桥。创立于1993年，屡获殊荣。在过去的20年里，泰勒豪斯设计公司因创造了无数华丽的室内设计作品而声名远扬。该公司为私人和地产开发商提供全方位的室内设计、室内建筑、项目管理和家具设计定制服务。近期的项目主要在英国，包括整修一座位于埃平森林的庄园，在科茨沃尔德新建一座面积为1600多平方米的乡村别墅，以及位于伦敦最新的著名开发项目——Chelsea Barracks的公寓设计。目前项目包括位于骑士桥的一个拥有47套公寓的顶级开发项目，一家位于伦敦索霍区的精品酒店设计和位于科威特的一座宫殿设计。

设计理念： 真设计，为生活。

亚历山大·多赫蒂

设计师：亚历山大·多赫蒂（Alexander Doherty）

公司：亚历山大·多赫蒂设计公司，美国纽约和法国巴黎。擅长从现代、传统美学和历史视角进行住宅室内装饰。目前的项目包括美国纽约市的一座玻璃幕墙顶层豪华公寓，曼哈顿黄金地段20世纪早期工业建筑的整层公寓，以及纽约市中央公园的地标性装饰艺术建筑的翻新。近期的项目包括近期竣工的曼哈顿大厦内一个巨大的位于河上的复式户外空间，一个有浓郁的斯堪的纳维亚风格的园景公寓和位于纽约市的一处高端地产楼层翻新。

设计理念：量身定制的优雅。

安娜·斯皮洛

设计师：安娜·斯皮洛（Anna Spiro）

公司：安娜·斯皮洛设计公司，澳大利亚昆士兰州纽法姆。该公司是一家在创造充满活力、舒适和永恒的定制空间方面拥有丰富经验的设计公司。目前的项目包括澳大利亚位于悉尼贝尔维尤山的一个大家庭住宅、位于维多利亚州大教堂山脉的一个乡村别墅，以及一个位于努沙岬小海湾的海滨别墅。近期的工作包括澳大利亚位于布里斯班的整套房屋翻修，一栋位于昆士兰州棕榈滩海滩上的别墅以及分别位于布里斯班和汉密尔顿的昆士兰老房子改造。

设计理念：以统一和激动人心的方式构成对比。

邵沛

设计师： 邵沛（Perry Shao）

公司： 冰川设计，中国北京。专注于酒店、办公室、住宅、体育和商业项目，至今为止已为将近278家企业客户服务。近期的项目包括上海阿尔特研发中心，北京华盛顿俱乐部、骏豪·中央公园广场的室内设计以及两个北京的办公空间设计。

设计理念： 传递美是一种信仰。

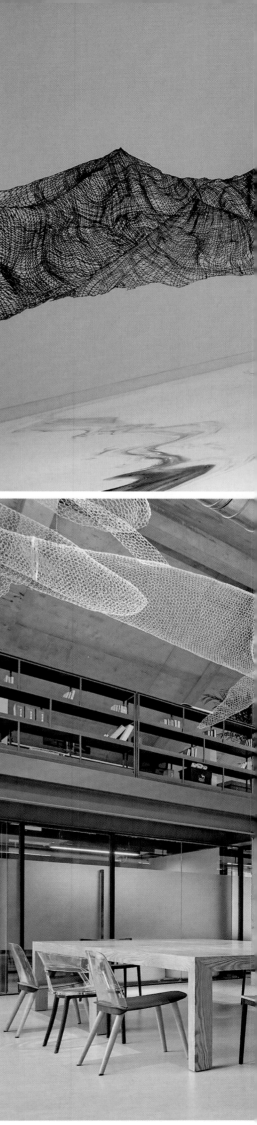

沙丽妮·米斯拉

设计师：沙丽妮·米斯拉（Shalini Misra）

公司：沙丽妮·米斯拉有限公司，英国伦敦。这是一家屡获殊荣的精品设计机构。目前的项目包括位于英国诺丁山的一栋具有维多利亚风格的低调豪宅、海德公园附近的一间近300平方米的办公室及一栋位于美国加利福尼亚州的法式别墅。近期的项目包括位于美国洛杉矶的单身公寓设计和英国伦敦西北部一座住宅的翻新、伦敦梅菲尔一处时髦的办公空间设计。

设计理念：尊重、责任、可持续、分层次、平衡、多功能。

于莲娜·
尼库丽娜

设计师： 于莲娜·尼库丽娜（Yulianna Nikulina）

公司： YNinterior，俄罗斯莫斯科。专注于俄罗斯、美国和全球的豪华室内设计，包括第一和第二私人住宅项目。目前的项目包括德国柏林的一栋小型别墅、俄罗斯莫斯科附近的一座大型住宅和市中心的公寓设计。近期的项目包括美国加利福尼亚州的一栋别墅、俄罗斯莫斯科的一套顶层豪华住宅和一套公寓设计。

设计理念： 人体工学、几何学、美学。

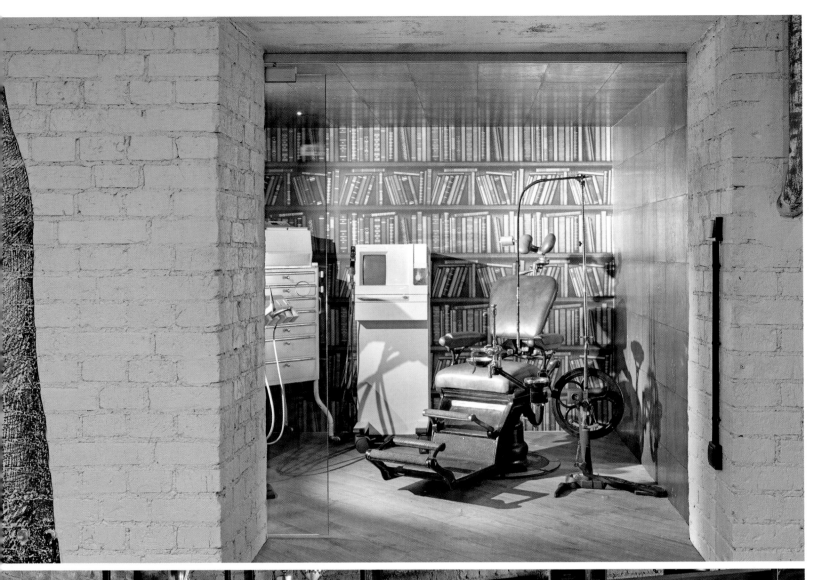

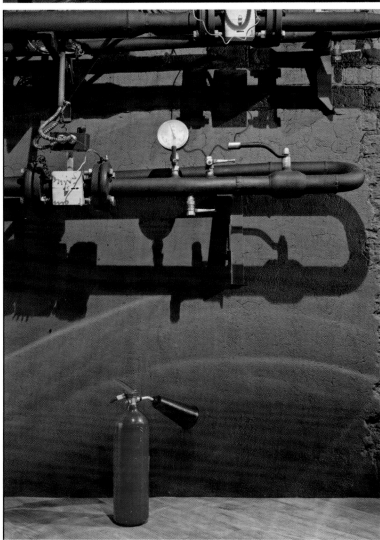

DESIGN POST

设计师： 山际纯平（Jumpei Yamagiwa）

公司： Design　Post株式会社，日本东京。成立于2016年，专注于日本国内外的商业和住宅室内建筑设计。目前的项目包括日本东京一家知名牛排餐厅、中国香港的一处海滨会所及豪华公寓设计。近期的项目包括中国香港的一家业主会所、一家酒吧餐厅，日本东京新宿的现代餐厅和六本木的巴巴卡奥-丘拉斯卡里亚餐厅设计。

设计理念： 传承日本艺术精髓，创造多元永恒设计。

DFG 设计

设计师：道格拉斯·加芬克尔（Douglas Garfinkle）和乌利塞斯·哈巴那
（Ulises Habana）

公司：DFG设计，美国、加拿大、墨西哥。专业从事豪华住宅设计。目前的项目包括美国纽约市上东区一个地标性联排别墅的整体翻新设计，以及洛杉矶霍尔比山一所住宅的景观规划设计。近期的项目包括美国一座位于弗吉尼亚州汉普顿的庄园，一处索霍区顶层豪华公寓和位于康涅狄格州利奇菲尔德县的乡村住宅。

设计理念：现代历史。

尚波和维尔德

设计师：凯丽·维尔德（Kelli Wilde）和劳伦特·尚波（Laurent Champeau）

公司：尚波和维尔德，法国巴黎。专注于世界各地私人住宅的建筑和室内设计，包括游艇、飞机和豪华酒店。目前的项目包括在美国内华达州拉斯维加斯设计和建造一座面积4000多平方米的豪宅，翻新设计法国巴黎一家历史悠久的酒店，翻新设计玛德莱茵·卡斯泰英（Madeleine Castaing）在巴黎的故居。近期的项目包括，均位于美国纽约上东区一座具有历史感的联排别墅和一处当代公寓，以及一座拥有绝佳风景的家庭公寓（该公寓面向巴黎博伊斯德布洛涅的弗兰克·盖里博物馆）。

设计理念：含蓄摩登的新古典。

唐忠汉

设计师：唐忠汉（Tang Chung Han）

公司：近境制作，中国台湾台北市。提供以亚洲为中心的室内建筑服务。目前的项目包括杭州的品牌博物馆，三亚、北京和上海的别墅。

设计理念：你所看到的都不是设计，而是生活。

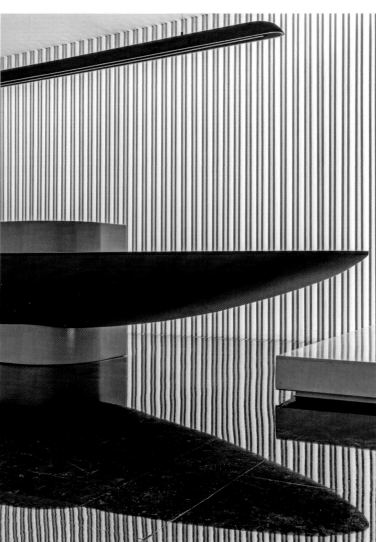

L' ÉLÉPHANT

设计师： 乔阿娜·科雷亚（Joana Correia）和阿尔瓦罗·罗奎特（Álvaro Roquette）

公司： L'ÉLÉPHANT，葡萄牙里斯本。目前的项目包括位于法国巴黎圣日耳曼普雷斯的一处联排私人公寓，位于希腊安提帕罗斯岛上的一栋房子，以及位于历史悠久的葡萄牙辛特拉村的一家酒店。近期的工作包括位于葡萄牙的几处私人住宅、阿伦特约埃尔瓦斯的一家酒店、里斯本的一座联排别墅和位于瑞士格斯塔德的一个小木屋设计。

设计理念： 硬装与软装互补。

唯一设计

设计师： 奥尔加·塞多瓦（Olga Sedova）和普罗科尔·马舒科夫（Prokhor Mashukov）

公司： 唯一设计，俄罗斯莫斯科。专注于俄罗斯国内外的公寓、以及别墅，咖啡馆和餐厅的室内设计。目前的项目包括卢森堡的一栋别墅，英国温莎的一家咖啡馆和位于拉脱维亚里加的一套公寓。近期的工作包括俄罗斯莫斯科市中心的一家咖啡馆和一座公寓，以及斯洛文尼亚的一栋别墅设计。

设计理念： 迷人的朋克。

马里·瓦特卡·马克曼

设计师：马里·瓦特卡·马克曼（Mari Vattekar Markman）

公司：瓦特卡·马克曼室内建筑公司，挪威奥斯陆和瑞典斯德哥尔摩。在斯堪的纳维亚半岛专注私人住宅和第二住所的设计。目前的项目包括位于挪威奥斯陆的一个大型住宅，位于瑞典斯德哥尔摩的格雷斯别墅和市中心一个别致的备用住房。近期的工作包括设计位于斯德哥尔摩的办公室、奥斯陆市中心的一个有历史的公寓及挪威山区度假胜地盖洛的一个传统木屋。

设计理念：精致、舒适、定制、提升生活。

吴立成

案例详情介绍扫码可见

设计师： 吴立成（Wu Licheng）

公司： 广州绘意明成建筑工程设计有限公司，中国广东。专注于公共空间设计，包括餐厅、酒店和俱乐部。近期的工作包括略味法甜（Régal Bistro，一家法国甜点酒吧）和西安唐华华邑酒店设计。目前的项目包括白鹿原（一家山地度假酒店）和莲花餐厅。

设计理念： 原创，打破常规，表达真实情感。

设计师： 劳拉（Laura）和亚伦·哈梅特（Aaron Hammett）

公司： 劳拉哈梅特，英国伦敦。这家屡获殊荣的室内建筑和设计公司专门承接英国国内外私人客户和房地产开发商的豪华住宅项目。目前的项目包括位于法国南部昂地布角的一座面积1000多平方米的私人别墅，位于中国香港的一座相当大的复式顶楼，以及许多著名的英国伦敦市中心黄金地段房产，其中包括一座面积1000多平方米的入选英国一级文物名录的联排别墅。近期的工作包括设计位于美国迈阿密的一所当代顶层公寓、位于印度班加罗尔的一座面积2000多平方米的家庭住宅，以及位于巴黎的一处大型传统豪斯曼公寓。

设计理念： 个性定制，历久弥新。

劳拉哈梅特

YOUNG HUH

设计师：杨·许（Young Huh）

公司：Young Huh，美国纽约市。这是一家提供全案服务的设计机构，专注于全球高端住宅和商业项目，包括私人住宅、精品酒店、餐厅、公司办公室和航空公司。目前的项目包括美国曼哈顿公园大道520号的一个整层公寓，纽约翠贝卡的一家创新媒体公司的办公室，特克斯和凯科斯群岛的一家精品酒店。近期的工作包括设计位于美国费城的一个公寓、亚利桑那州一个客户的沙漠之家和新泽西州海岸的海滨第二住所。

设计理念：游走之心，重启设计叙事，汇经典于现代。

罗萨·梅·桑派奥

设计师： 罗萨·梅·桑派奥（Rosa May Sampaio）

公司： 罗萨·梅建筑室内设计公司，巴西圣保罗。专注于巴西、乌拉圭、阿根廷和美国的住宅室内建筑项目，包括私人住宅和办公室。近期的项目有位于巴西里约热内卢布齐奥斯的一栋别墅、巴西南部的一处农舍和圣保罗市的几栋别墅，以及翻新位于圣保罗的一套公寓。

设计理念： 营造和谐舒适的空间。

刘威

设计师： 刘威（Liu Wei）

公司： 妙物（中国）建筑装饰集团，中国武汉。提供综合服务，涵盖室内外建筑设计、装修、施工。目前项目有中粮光谷祥云（武汉）售楼中心及别墅样板间；天悦外滩7号定制精装豪宅样板间；爱帝集团办公大楼。近期项目包括华发中城荟T1商业酒店公寓，中粮大悦城住宅和地铁小镇，锦艺置业集团精装标准化研发。

设计理念： 道法自然，不刻意去改变材料的特质，还原本真。用现代的设计手法将东方文化完美地融入到室内空间，营造一种极简的艺术气质。

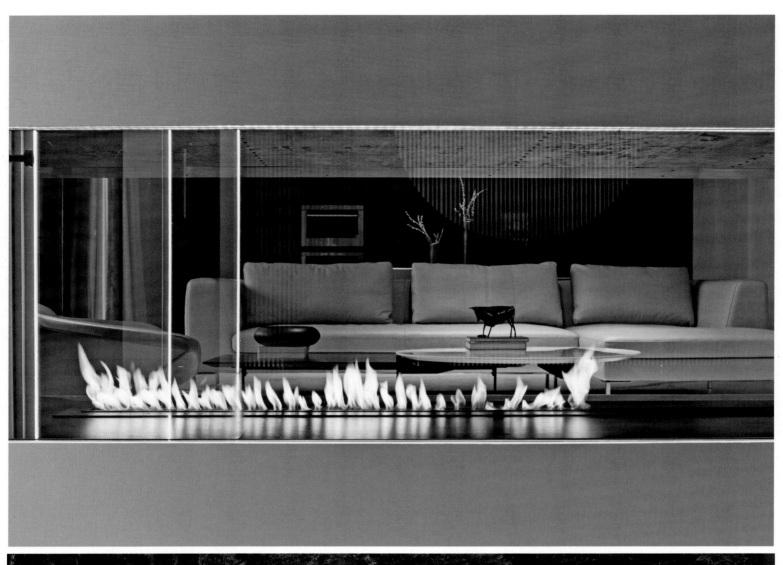

鲍威尔和
邦内尔

设计师： 戴维·鲍威尔（David Powell）、芬威克·邦内尔（Fenwick Bonnell）和阿尔伯特·里姆舒（Albert Limshue）

公司： 鲍威尔和邦内尔，加拿大多伦多。这家屡获殊荣的公司成立于1990年，因其在艺术品及其完整地室内呈现，精美家具、灯具和纺织品的收藏而受到国际认可。目前的项目包括一个具有装饰艺术风格的热带棕榈滩庄园、加拿大多伦多街区的豪华私人住宅和森林山富人区的拥有摄影级城市景观的顶层公寓。近期的项目包括位于加拿大安大略省级公园克雷迪叉路一个很酷的小木屋风格住宅、一个获奖电视制作人的海滨公寓（配备一个可以看到湖景的放映室），以及美国纽约一栋联排别墅的大规模改造。

设计理念： 提供精致的、以生活方式为中心的高品质解决方案。

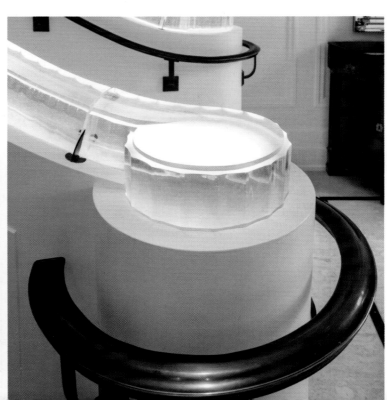

洛里·莫里斯

设计师： 洛里·莫里斯（Lori Morris）

公司： 洛里·莫里斯设计公司，加拿大多伦多。为住宅及商业地产提供全方位的设计、建筑及装修服务。目前的项目包括位于加拿大多伦多金斯威的一座面积近2000平方米的新建私人别墅（带游泳池和小屋），以及同样位于金斯威的面积近2000平方米的都铎式住宅和宾馆，多伦多市中心最负盛名的私人公寓住宅的全面翻新，以及安大略省高档新公寓的全面设计和装修。近期的工作包括对美国佛罗里达州博卡拉顿市一个面积约1000平方米的海滨别墅进行大幅翻新，对一座位于佛罗里达州海岸间水道的面积约1000平方米的当代住宅进行设计，以及一个位于加拿大多伦多市区重新更名的圣瑞吉斯公寓顶部的雄伟的公寓空间的设计。

设计理念： 迷人、放纵、奢侈、独特，前卫的摇滚节奏。

ELICYON

设计师： 查卢·甘地（Charu Gandhi）

公司： Elicyon，英国伦敦。这家总部位于肯辛顿的设计工作室，为世界独具慧眼的客户提供室内设计服务。目前的项目包括一所位于英国切尔西的大宅、一艘私人游艇和一栋位于法国南部的别墅。近期的工作包括英国海德公园一号的公寓和一处位于骑士桥的遗产级房产设计，位于阿联酋迪拜的一个大型顶层豪华套房设计。

设计理念： 精心策划、精心制作、深思熟虑、独具特色。

关天颀

设计师： 关天颀（Sky Guan）

公司： 空间进化（北京）建筑设计有限公司，中国北京。将建筑、室内设计、景观美化完美结合。目前的项目包括引入当代理念对一个中国传统村落进行全面翻修，位于四川山顶的一个健康度假村和位于西安的私人可持续住宅项目。

设计理念： 没有边界。

案例详情介绍扫码可见

哈姆伯特和波耶特

设计师：埃米尔·哈姆伯特（Emil Humbert）和克里斯托弗·波耶特（Christophe Poyet）

公司：哈姆伯特和波耶特，摩纳哥。专门从事国际豪华室内建筑、住宅开发、酒店和餐厅的设计业务。目前的工作包括韩国两家五星级酒店、法国巴黎豪华住宅以及美国纽约、巴西圣保罗和意大利米兰的餐厅。近期的工作包括设计黄金圈26号（摩纳哥的一座塔式高层住宅）、终极普罗旺斯（法国南部的一个葡萄园），以及马耳他和希腊雅典的餐馆。

设计理念：低调奢华，注重细节，手工工艺。

珍奈特·
瓦西

设计师： 珍奈特·瓦西（Jannat Vasi）

公司： 珍奈特·瓦西室内设计工作室，印度孟买。该工作室由室内建筑设计师珍奈特·瓦西创立，专业从事空间规划、概念设计、设计开发和执行，承接豪华住宅、商业地产和酒店餐饮设计业务。目前的工作包括印度位于班加罗尔的高级复式住宅，位于孟买的一家钻石珠宝店和位于德里的一家高级餐厅设计。近期的项目包括孟买一栋六层豪华家庭住宅、一家海滨酒吧和印度最大营销公司的新办公空间设计。

设计理念： 色彩创造水准。

AW²

设计师： 雷达·阿玛罗（Reda Amalou）和斯蒂芬妮·勒多（Stephanie Ledoux）

公司： AW²，法国巴黎。这家国际建筑与室内设计工作室成立于1997年。目前的项目包括Six Senses Crans Montana（一家位于瑞士阿尔卑斯山的五星级温泉酒店兼住宅），位于越南西贡市中心的Wink酒店，以及一些私人住宅、一家酿酒厂和一个米其林二星的餐厅项目。近期的项目包括加勒比银砂格林纳达（Silversands Greenada，一个拥有最长游泳池的五星级度假村），位于哥斯达黎加原始热带雨林的生态小屋Kasiya Papagayo，以及位于法国巴黎市中心的新委罗内塞展厅。

设计理念： 混搭，建筑与氛围的当代诠释。

梅里恩广场
室内设计

419

设计师： 乔·恩斯克（Joe Ensko）和海伦·罗登（Helen Roden）

公司： 梅里恩广场室内设计，爱尔兰都柏林。专门从事豪华住宅室内装修。目前的项目包括一个大型佐治亚联排别墅、一座维多利亚时代的住宅、一个现代公寓和一个海滨别墅。

设计理念： 经典、优雅、以家庭为中心，融合风格和功能。

妮基·
多布里

设计师：妮基·多布里（Nicky Dobree）

公司：妮基·多布里室内设计公司，英国伦敦。专业从事国际豪华滑雪度假木屋和私人住宅室内设计。目前的项目包括位于伦敦的一个大型住宅，位于阿尔卑斯山脚下滑雪胜地的一个大型滑雪木屋开发和一个新英格兰式海边住宅。近期的工作包括完成西班牙安达卢西亚一家精品酒店的设计，位于德国慕尼黑的一座别墅和位于法国阿尔卑斯山的几处小木屋设计。

设计理念：永恒的优雅。

杰思敏·林

设计师： 杰思敏·林（Jasmine Lam）

公司： 杰思敏·林设计工作室，美国纽约和迈阿密。这家屡获殊荣的设计工作室，拥有23年全案设计经验，项目从北美洲和南美洲，法国、英国和中国的酒店餐饮设计、全球零售店规划到高端住宅设计，不一而足。目前的项目包括美国曼哈顿中央公园南部的一套公寓、中国上海汤臣一品500平方米公寓和一家位于巴西米纳斯吉拉斯的游艇俱乐部。

设计理念： 舒适、现代奢华。

奥尔加·艾什比

设计师： 奥尔加·艾什比（Olga Ashby）

公司： 奥尔加·艾什比室内设计，英国伦敦。专注于英国国内外的豪华住宅室内设计项目，包括第一住宅和度假住宅以及豪华住宅开发项目。目前的项目包括英国伦敦贝尔格拉维亚的联排别墅，位于梅菲尔的入选英国二级保护名录的房产和位于圣乔治码头塔楼的公寓。近期的工作包括伦敦圣约翰伍德的一处入选英国二级保护名录的房产设计、位于哈雷街的伦敦整容诊所和俄罗斯莫斯科的一座顶层公寓设计。

设计理念： 个性化定制的精致。

约翰·雅各布·兹威格拉尔

设计师： 约翰·雅各布·兹威格拉尔（John Jacob Zwiegelaar）

公司： 约翰·雅各布室内设计公司，南非开普敦。设计项目是国际性的，专门为住宅和零售开发进行定制室内建筑设计。目前的工作包括南非一系列的沿海、城市和乡村豪华住宅。约翰·雅各布的设计作品集当代、经典和历史风格于一体。曾获得赞誉的项目包括对南非18世纪葡萄园酒庄庄园的翻修和约翰内斯堡的一家豪华百货公司的设计。

设计理念： 整体、和谐、平衡。

奥尔加·哈诺诺

设计师： 奥尔加·哈诺诺（Olga Hanono）

公司： OH工作室，墨西哥城。专门从事世界各地的酒店餐饮和住宅设计。目前的项目包括艺术剧院、一对年轻夫妇的当代公寓改造、一个以纽约时尚和活力为灵感而设计的标志性项目和

极乐村落（位于山区的冥想主题小镇）。近期的工作包括策划在墨西哥艺博会（Zona Maco）上展出家具系列，墨西哥洛斯卡沃斯私人机场航站楼和Casa Lumbre办公室设计。

设计理念： 改造空间，创造新的现实。

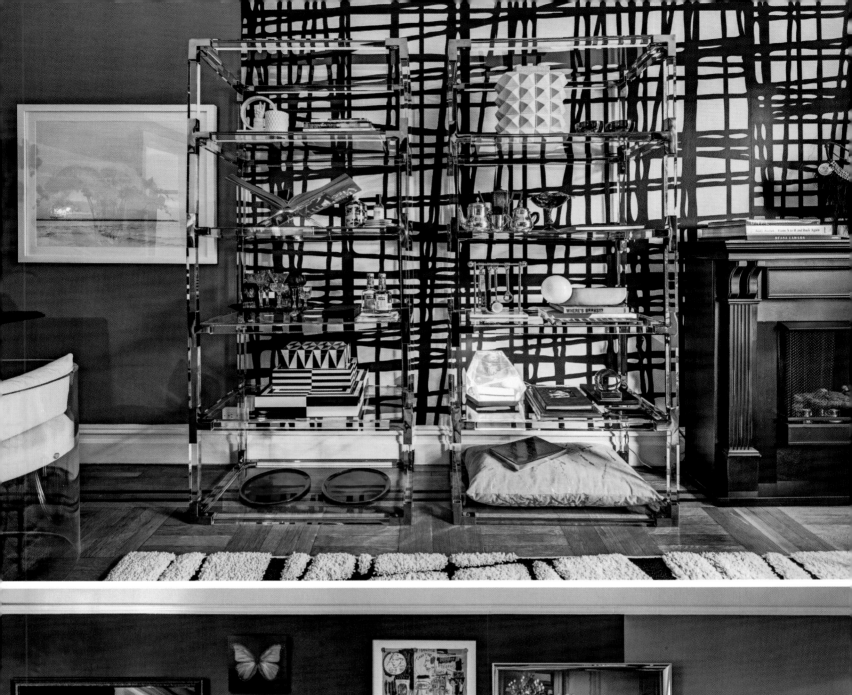

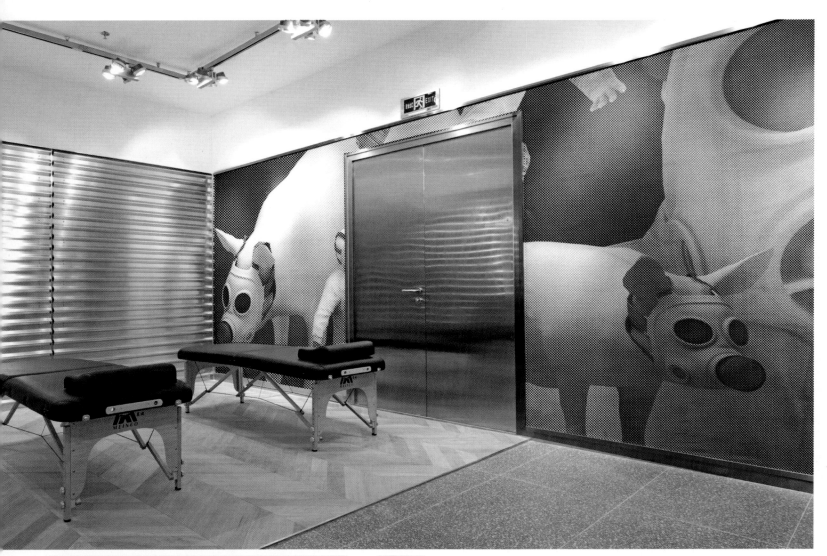

杨基

设计师：杨基（Yang Ji）

公司：外层空间设计室，中国大连。专注于中国商业空间室内设计，包括健身俱乐部、餐厅、销售中心和夜总会。目前的项目包括广州、重庆和成都的健身俱乐部。近期的工作包括大连的一家咖啡馆和健身俱乐部设计，吉林的一个销售中心和大连的一个夜总会设计。

设计理念：不同。

案例详情介绍扫码可见

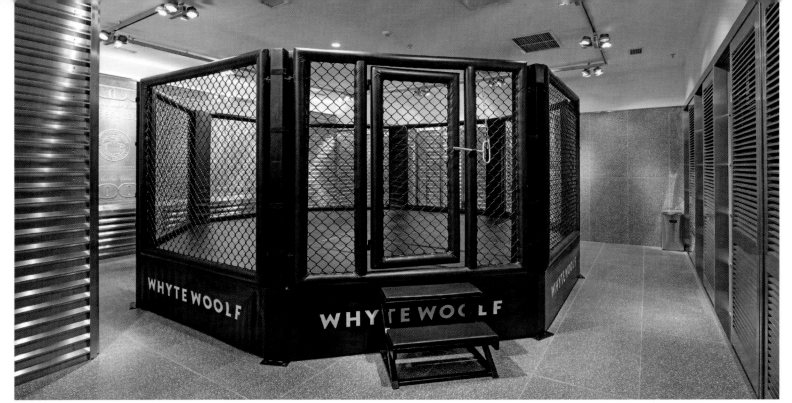

妮可尔·霍里斯

设计师： 妮可尔·霍里斯（Nicole Hollis）

公司： 妮可尔·霍里斯设计公司，美国旧金山。主要从事高端住宅、精品餐饮酒店和产品设计。目前的项目包括美国一个可以看到金门大桥的经典旧金山住宅、棕榈泉的定制沙漠绿洲和夏威夷科纳海岸的世界著名度假村。近期的项目包括美国加利福尼亚州马林县提伯龙镇的一处住宅，可以坐拥旧金山湾美景的一座住宅，科纳海岸的一处位于熔岩场上的地产，以及一个旧金山带有历史气息的备用住宅。

设计理念： 历久的室内设计提升精神气质。

安吉洛斯·
安吉洛普洛斯

设计师： 安吉洛斯·安吉洛普洛斯（Angelos Angelopoulos）

公司： 安吉洛斯·安吉洛普洛斯设计公司，希腊雅典。设计作品遍布全球，主要从事室内设计、建筑设计、照明设计和景观设计。近期的项目包括希腊爱奥尼亚海边的一座别墅、一个山间度假村的水疗中心、8家酒店、罗德岛上的一家精品酒店、在

米科诺斯的基克拉迪风格别墅群、伯罗奔尼撒南部的一家精品酒店、克里特岛上的一家城市全套房酒店、克里特岛南部的一个拥有350间套房的海上度假村，包括公共区域、餐厅、俱乐部和大型水疗中心，以及塞浦路斯的一个度假村。

设计理念： 整体优雅。

法布拉室内设计

设计师： 安娜·普洛特尼科娃（Anna Plotnikova）和瓦雷利亚·伊萨科娃（Valeriya Isakova）

公司： 法布拉室内设计，俄罗斯莫斯科。在俄罗斯国内外从事私人别墅、公寓、办公室和酒店等公共空间设计。目前的项目包括俄罗斯莫斯科的两套公寓和一套别墅。近期的工作包括莫斯科的公寓、莫斯科地区的夏季度假别墅和位于索契的别墅设计。

设计理念： 乐享居家。

逸壶

设计师： 沈墨（Mo Shen）

公司： 杭州时上建筑空间设计事务所，中国杭州。致力于现代自然主义与中国本土文化的融合。建设项目包括办公空间、别墅住宅和酒店民宿设计。最新项目有Visaya意境唯美酒店、来野民宿、云南大理民宿等。

设计理念： 坚持共生思想，本土与国际的对话，打造愉悦自在的空间体验。

案例详情介绍扫码可见

妮妮·安德雷德·席尔瓦工作室

设计师：妮妮·安德雷德·席尔瓦（Nini Andrade Silva）

公司：妮妮·安德雷德·席尔瓦工作室，葡萄牙里斯本。该工作室拥有一支由建筑、室内及家具设计，公关和营销领域专家组成的多元化团队。目前的项目包括巴西圣保罗的一家酒店兼住宅项目，佛得角圣地亚哥岛上的一个生态度假村和葡萄牙亚速尔圣米格尔岛上的另一个生态度假村，英国伦敦切尔西的私人豪宅，马来西亚吉隆坡的一个商业综合体，以及葡萄牙的一个行政办公室。近期的工作包括葡萄牙的精品酒店和若干个高级办公空间设计，哥伦比亚的连锁酒店和日本的私人豪宅设计。

设计理念：不随波逐流，寻求创造潮流。

475

HONKY

设计师： 克里斯托弗·德齐尔（Christopher Dezille）

公司： Honky，英国伦敦。这是一家屡获殊荣的设计公司，在每个项目中都以创意和客户为中心。目前的工作包括巴巴多斯海滨豪宅、海峡群岛的私人住宅和英国伦敦国王十字公寓的全案设计。近期的项目包括英国伦敦塔桥的一个家庭备用住宅、一个老主顾位于伦敦西部的四层联排别墅，以及在唐桥井标志性波形瓦中心商业空间的重新开发。

设计理念： 无真爱，不设计。

根特室内
设计公司

设计师： 艾尔妮·根特（Irene Gunter）

公司： 根特室内设计公司，英国伦敦。专注于英国国内外有兴趣的豪华建筑和室内设计项目，包括第一和第二私人住宅。目前的项目包括位于英国温布尔登村的一栋大型新建住宅、位于切尔西的一座联排别墅和位于阿联酋迪拜的一座新建豪宅。近期的项目包括英国萨塞克斯郡和肯特郡的乡村庄园、切尔西的一个大型家庭住宅和位于法国南部的海滩别墅。

设计理念： 独特、个性化，令人耳目一新。

张玮

设计师： 张玮（Zhang We）

公司： 厦门一横一竖工程有限公司，中国福建厦门。主要从事建筑、室内和产品设计。"经"分天地，有虚与实、轻与重；"纬"分阴阳，有光与阴、是与非。所以，世界就在那里，而我们就处于中间的交错点。目前的项目包括厦门的一家美容院空间、成都的一家儿童教育机构、北京国贸的办公室和厦门的海滨别墅。近期的工作包括上海的一家餐厅、厦门的一家分子美食餐厅和福州的一家城市文化旅游餐厅设计。

设计理念： 做正确的设计。

案例详情介绍扫码可见

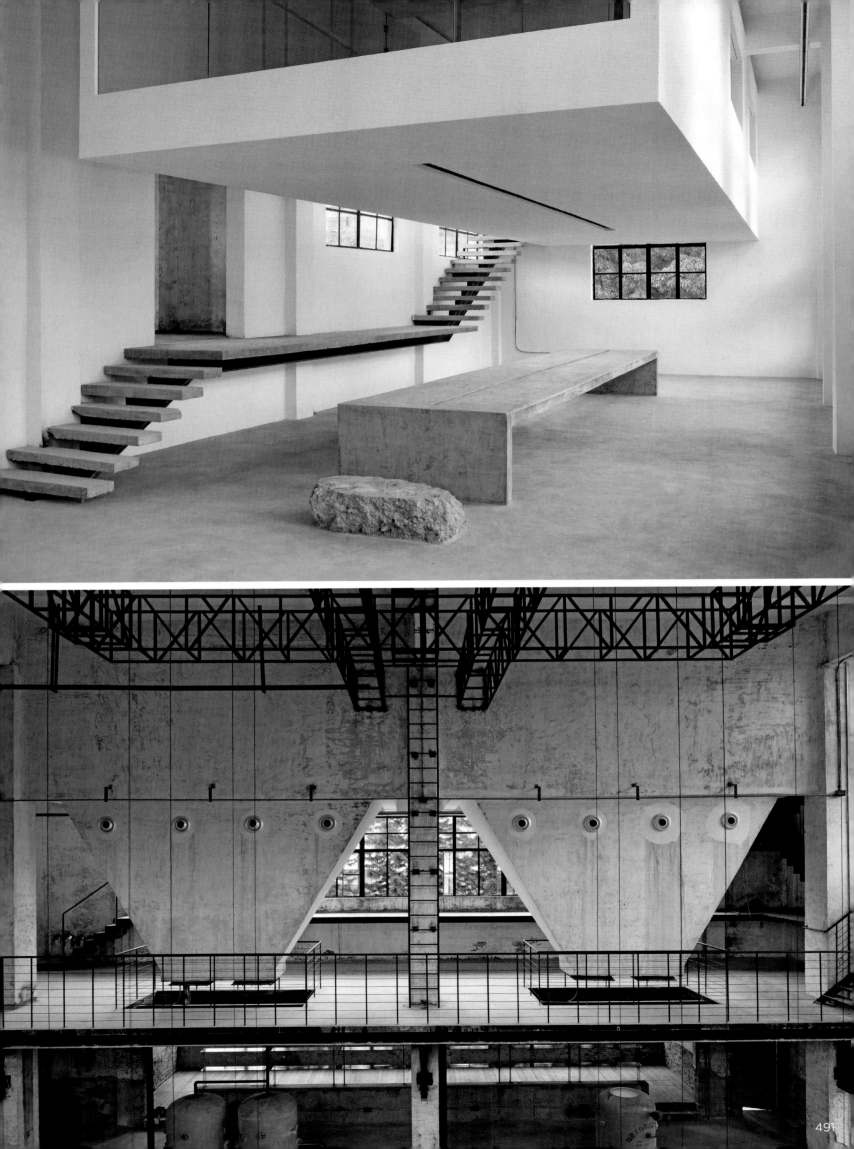

唐纳·蒙迪

设计师：唐纳·蒙迪（Donna Mondi）

公司：唐纳·蒙迪室内设计公司，美国芝加哥。目前的项目包括美国密歇根州一座由一名入选AD100的建筑师参与设计的现代化新建住宅，芝加哥地标式东湖海滨大道上两家20世纪20年代合作社的室内翻修，以及对位于科罗拉多州一座别致的山地住宅进行翻修。近期的项目包括为一对新婚夫妇建造一个现代化的顶层公寓，一处位于芝加哥由纽约Robert A. M. Stern建筑集团设计的首创性班尼特公园一号（One Bennett Park）的高层建筑中的折中式公寓，以及位于芝加哥黄金海岸9号沃尔顿新古典公寓大厦的6个客户住宅。

设计理念：古典主义×现代性＋锐利。

乔阿娜·阿兰哈
工作室

设计师：乔阿娜·阿兰哈（Joana Aranha）（图中右侧）

建筑师：玛塔·阿兰哈（Marta Aranha）（图中左侧）

公司：乔阿娜·阿兰哈工作室，葡萄牙里斯本。采用创造性和多元化的方法，为住宅、企业、商业场所、酒店、游艇和私人飞机提供豪华的室内设计和建筑设计。目前的项目包括葡萄牙一家位于杜罗的酒店、一座高级康波塔的海滩别墅，印度一座位于新德里的写字楼，非洲的一个度假村，以及一些私人住宅。近期的项目包括一架猎鹰7X私人飞机，葡萄牙里斯本德勤办公室及海岸线上的大型住宅，巴西特兰科苏令人印象深刻的度假屋。

设计理念：非凡的生活给非凡的人。

today's news

案例详情介绍扫码可见

翁维

设计师： 翁维（Xiaowei Weng）

公司： WEI唯设计工作室，中国杭州。专门设计舒适、放松的生活空间，让您心旷神怡。目前的项目
包括一栋面积450平方米的度假别墅、一个位于城市河畔的度假酒店和一个小型复古住宅项目。

设计理念： 不遵循趋势永远遵循内心。

斯蒂凡诺·多拉塔

设计师：斯蒂凡诺·多拉塔（Stefano Dorata）

公司：多拉塔工作室，意大利罗马。这家建筑设计机构在欧洲、北美和南美、中东和远东地区，专门从事公寓、酒店、别墅和游艇的建筑和室内设计。目前的项目包括位于意大利托斯卡纳蓬塔阿拉的别墅和托斯卡纳蒙特阿根塔里奥的一栋别墅，以及位于以色列特拉维夫的一处住宅。近期的项目包括印度尼西亚巴厘岛的一家精品酒店，位于意大利皮恩扎的一栋乡村别墅和罗马的餐厅酒廊。

设计理念：简单有序。

设计师名录（按名称汉语拼音顺序排列）

268 阿卜·贾尼/桑迪普·考斯拉。印度孟买。
电话：+91 22 26731862
info@abus&eep.com www.abus&eep.com

172 ADD BURO。俄罗斯莫斯科和瑞士圣加仑。
电话：+41 79 942 6951和
+8 4991 989 090
inna@addburo.com buro@addburo.com
www.addburo.com

458 安吉洛斯·安吉洛普洛斯。希腊雅典。
电话：+30 210 7567191
design@angelosangelopoulos.com
www.angelosangelopoulos.com

312 安娜·斯皮洛。澳大利亚昆士兰州纽法姆。
电话：+61 (7)325 43000
info@annaspirodesign.com.au
www.annaspirodesign.com.au

434 奥尔加·艾什比。英国伦敦。
电话：+44 (0)7881 377 358
olga@olgaashby.com
www.olgaashby.com

444 奥尔加·哈诺诺。墨西哥城。
电话：55 5202 1020
studio@olgahanono.com
www.olgahanono.com

108 艾什比工作室。英国伦敦。
电话：+44 (0)2031 762 571
info@studioashby.com
www.studioashby.com

414 AW ^{2}。法国巴黎。
电话：+33 1 45 87 75 75
aw2@aw2.com www.aw2.com

386 鲍威尔和邦内尔。加拿大多伦多。
电话：+1 416 964 6210
info@powell&bonnell.com
www.powell&bonnell.com

70 比尔·本斯利。
泰国曼谷和印度尼西亚巴厘岛。
电话：+66 23816305
bensley@bensley.co.th

220 布雷恩尼·诺斯。澳大利亚悉尼。
电话：+61 02 8915 1833
伦敦电话：+44 (0)20 3675 9855
纽约电话：+1 212 634 9930
jack@blaineynorth.com
www.blaineynorth.com

90 伯恩德·格鲁伯。奥地利基茨比厄尔。
电话：+43 (0)5356 711 01 20
marketing@bernd-gruber.at
www.bernd-gruber.at

154池贝知子。日本东京。
电话：+81 3 6277 3544
info@ikg.cc www.ikg.cc

186 池陈平。中国杭州。
电话：+86 (571) 85399596
+86 13588874714
406281923@qq.com

94 DENTON HOUSE。美国盐湖城。
电话：+1 801 333 8156
info@dentonhouse.com
www.dentonhouse.com

272 DESIGN INTERVENTION。新加坡。
电话：+65 6506 0920
IG:@ourdesignintervention
info@designintervention.com.sg
www.designintervention.com.sg

330 DESIGN POST。日本东京。
电话：+81 (90) 7737 5190
info@designpost.co.jp
www.designpost.co.jp

334 DFG 设计。美国纽约。
电话：917 346 8631
info@dfg.design
www.dfg.design

286 DING DONG。葡萄牙波尔图和里斯本。
电话：(+351) 226183117
info@dingdong.pt
www.dingdong.pt

398 ELICYON。英国伦敦。
电话：+44 (0)20 3772 0011
studio@elicyon.com

38德雷克/安德森。美国纽约。
电话：+1 (212) 754 3099
info@drake&erson.com
www.drake&erson.com

250 迪兰·法瑞尔。澳大利亚悉尼。
电话：+61 (0)4 16 222 946
info@dylanfarrell.com www.dylanfarrell.com

264 杜马伊斯设计公司。美国纽约。
电话：1 (212) 620 7720
studio@dumaisid.com www.dumaisid.com

462 法布拉室内设计。俄罗斯莫斯科。
电话：+7 (916) 916 2992 和
+7 (903) 158 7938
annaplotnikova@mail.ru
www.annaplotnikova.com
www.fabula-interiors.com

102 菲奥娜·巴拉特室内设计。英国伦敦。
电话：+44 (0)20 3262 0320
info@fionabarrattinteriors.com
www.fionabarrattinteriors.com

246 菲利普·米切尔。加拿大多伦多。
电话：+1 (416) 364 0414
info@philipmitchelldesign.com
www.philipmitchelldesign.com

202 福克斯·布朗恩创意公司。南非约翰内斯堡。
电话：+44 7718 152835
chris@foxbrowne.com
debra@foxbrowne.com
natalie@foxbrowne.com
www.foxbrowne.com

196 格雷格·纳塔尔。澳大利亚悉尼。
电话：+61 (2) 8399 2103
info@gregnatale.com
www.gregnatale.com

482 根特室内设计公司。英国伦敦。
电话：+44 (0)207 993 8583
info@gunter&co.com
www.gunter&co.com

402 关天顺。中国北京。
电话：+86 (010) 8410 9696
evolutiondesign@162.com
www.evolutiondesign.com.cn

128 哈利+克雷恩。澳大利亚悉尼。
电话：+612 9368 1234
info@hareklein.com.au
www.hareklein.com.au

190 哈利艾特·安斯特卢瑟。
英国西萨塞克斯郡佩特沃斯。
电话：+44 (0)20 7584 4776
info@harrietanstruther.com
www.harrietanstruther.com

406 哈姆伯特和波耶特。摩纳哥。
电话：377 93 30 22 22
info@humbertpoyet.com
www.humbertpoyet.com

478 HONKY。英国伦敦。
电话：+44 (0)207 622 7144
手机：+44 (0)7813 789637
www.honky.co.uk

276 黄全。中国上海。
电话：+86021 64032923
手机：+8618501671011
3339367494@qq.com
www.wjid.com.cn

114 黄伟。中国陕西省。
电话：+86 (29)81120400
379185012@qq.com

254 黄永才。中国广州。
电话：+86(20)37638510 M:+8613436766981
info@gzrma.com
www.i-rma.hk

22 基特·肯普。英国伦敦。
电话：+44 (0)207 581 4045
kitkemp@firmdale.com
www.kitkemp.com

298 贾红峰。中国深圳。
电话：+86 75582567428
手机：+86 13538138594
xin_y@126.com
www.csk-design.com

54 吉米马丁。英国伦敦。
电话：+ 44 (0)207 938 1852
info@jimmiemartin.com
www.jimmiwmartin.com

428 杰思敏·林。美国迈阿密和纽约。
电话：+1 646 360 3720
design@jasminelam.com
www.jasminelam.com

280 凯莉·费姆。美国加利福尼亚州。
电话：+1 (909) 981 1304
info@kellyferm.com
www.kellyferm.com

166 凯莉·赫本。英国伦敦。
电话：+44 (0)207 471 3350
newprojects@kellyhoppen.co.uk
www.kellyhoppeninteriors.com

206 凯瑟琳·艾尔兰。美国洛杉矶。
电话：323 965 9888
info@kathrynirel&.com
www.kathrynirel&.com

124 凯瑟琳·普莉。英国伦敦。
电话：+44 (0)207 584 3223
enquiries@katharinepooley.com
www.katharinepooley.com

294克里斯蒂安斯和亨妮公司。挪威奥斯陆。
电话：+47 221 21350
手机：+47 951 79430
info@christiansoghennie.no
www.christiansoghennie.no

242 克里斯塔·哈特曼室内设计。
挪威利萨克。
电话：+47 970 64654
krista@krista.no
www.krista.no

348 L'ÉLÉPHANT。葡萄牙里斯本。
电话：+351 918 518 606 &
+351 213 420 042
studio@lelephant.pt
www.lelephant.pt

370 劳拉哈梅特。英国伦敦。
电话：+44 (0)207 731 7369
design@laurahammett.com
www.laurahammett.com

140 李想。中国上海。
电话：+86 21 34613871
press@xl-muse.com
www.xxxxxx.design

182 里加·卡萨诺瓦。葡萄牙里斯本。
电话：+351 213 955 630
info@ligiacasanova.com
www.ligiacasanova.com

84 丽兹·卡安。美国马萨诸塞州牛顿。
电话：617 244 0424
info@lizcaan.com
www.lizcaan.com

78 刘建辉。中国深圳。
电话：+86(755) 83222578
手机：+8613436766981
ljh@matrixdesign.cn
www.matrixdesign.cn

382 刘威。中国武汉。
电话：+86 (27) 88868868
lv@mwi-china.com
www.mwi-china.com

378 罗萨·梅·桑派奥。巴西圣保罗。
电话：+55 11 3085 7100 / 1092
rosamaysampaio@terra.com.br
Instagram:@rosamaysampaioarq

392 洛里·莫里斯。加拿大多伦多。
电话：+1 416 972 1515
info@lorimorris.com
www.lorimorris.com

176 MHNA设计工作室。法国巴黎。
电话：+33 1 43 14 00 00
contact@studiomhna.com
www.studiomhna.com

358 马里·瓦特卡·马克曼。
挪威奥斯陆和瑞典斯德哥尔摩。
电话：+47 90 27 07 90 &
+ 46 76 763 81 61
info@vattekarmarkman.com
www.vattekarmarkman.com

118 迈克尔·德尔·皮耶罗。美国芝加哥。
电话：(773) 772 3000
info@michaeldelpiero.com
www.michaeldelpiero.com

418 梅里恩广场室内设计。爱尔兰都柏林。
电话：087 220 8674
merrionsquareinteriors@gmail.com
www.merrionsquareinteriors.com

224 MUZA设计研究室。英国伦敦。
电话：+44 (0)207 100 3300
info@muzalab.com
www.muzalab.com

422 妮基·多布里。英国伦敦。
电话：+44 (0)207 828 5989
studio@nickydobree.com
www.nickydobree.com

452 妮可尔·霍里斯。美国旧金山。
电话：1 415 278 9457
info@nicolehollis.com
www.nicolehollis.com

472 妮妮·安德雷德·席尔瓦工作室。
葡萄牙里斯本。
电话：+351 218 123 790
手机：+351 965 011 493
geral@nini&radesilva.com
www.nini&radesilva.com

46 潘冉。中国南京。
电话+86 025 83245266
472934838@qq.com
www.minggu-design.net

216 皮帕·佩顿。英国牛津郡。
电话：+44 (0)1865 595470
scott@pippapatondesign.co.uk
www.pippapatondesign.co.uk

496 乔阿娜·阿兰哈工作室。葡萄牙里斯本。
电话：+351 210 960 670
info@joanaaranha.com
www.joanaaranha.com

146 瑞贝卡·考德维尔设计公司。美国纽约。
电话：+1 917 855 2824
info@rebekahcaudwelldesign.com
www.rebekahcaudwelldesign.com

232 桑吉特·辛格。印度新德里。
电话：+ 91 99999 75099
hello@sanjytsyngh.com
www.sanjytsyngh.com

322 沙丽妮·米斯拉。英国伦敦。
电话：+44 (0)207 604 2340
info@shalinimisra.com
www.shalinimisra.com

340 尚波和维尔德。法国巴黎。
电话：+33 (1)4550 4677
contact@champeau-wilde.com
www.champeau-wilde.com

316 邵沛。中国北京。
电话：+86 155 1018 1907
icedesign@vip.126.com
www.ice-design.cn

466 沈墨。中国杭州。
电话：+86 571 85216267
443988502@qq.com
www.atdesignhz.com

14史蒂芬·法尔克。南非约翰内斯堡。
电话：+27 11 327 5368
stephen@stephenfalcke.co.za
www.stephenfalcke.com

134 私人住宅设计公司。南非约翰内斯堡。
电话：+27 11 465 5600
yvonne@privatehouseco.co.za
www.privatehouseco.co.za

506 斯蒂凡诺·多拉塔。意大利罗马。
电话：+39 (0) 6 808 4747
studio@stefanodorata.com
www.stefanodorata.com

66 斯科特·桑德斯。
美国纽约和佛罗里达州棕榈滩。
电话：(212)343 8298 NY
电话：(516)907 7976 FL
info@scotts&ersllc.com
www.scotts&ersllc.com

258 苏菲·佩特森。英国伦敦。
电话：+44 (0)1372 462 529
info@sophiepatersoninteriors.com
www.sophiepatersoninteriors.com

236 孙天文。中国上海。
电话：+86 13661580681
81533402@qq.com
www.hippop-sh.cn

302 泰勒豪斯设计公司。英国伦敦骑士桥。
电话：+44 (0)207 349 901
admin@taylorhowes.co.uk
www.taylorhowes.co.uk

492 唐纳·蒙迪。美国芝加哥。
电话：011+1 (312) 291 8431
info@donnamondi.com
www.donnamondi.com

344 唐忠汉。中国台湾台北市。
电话：+886 (0)2 23775101
da.marketing@da-interior.com
www.da-interior.com

150 特鲁迪·米拉德。澳大利亚悉尼。
电话：+61 (0)2 9690 0548
info@trudymillard.com
www.millarddesignstudio.com

30 特伦斯·蒂斯代尔。英国萨里郡。
电话：+44 (0)208 940 1452
daniela@terencedisdale.co.uk
terence@terencedisdale.co.uk
www.terencedisdale.co.uk

352 唯一设计。俄罗斯莫斯科。
电话：+7 (903) 775 70 28
o.b.sedova@gmail.com
www.only-design.com
@onlydesign_inst

502 翁维。中国浙江。
电话：13758196848
falan5500@outlook.com

6 吴滨。中国上海。
电话：+86020 37638510
手机：+8613436766981
marketing@wsdeco.com.cn
www.wdesign.hk

364 吴立成。中国广东。
电话：+86(20)34164318
www.behance.net/hymc

290 西姆斯·希尔迪奇。
英国伦敦和格罗斯特郡。
电话：国家+44 (0)1249 783 087 或
电话：城市+44 (0)2037 019 578
info@simshilditch.com
www.simshilditch.com

306 亚历山大·多赫蒂。美国纽约和法国巴黎。
电话：USA 212 390 1572
info@alex&erdohertydesign.com
www.alex&erdohertydesign.com

212 杨东子和林倩怡。中国深圳。
电话：+86 18938889996
pr@various-associates.com
www.various-associates.com

374 YOUNG HUH。美国纽约。
电话：212 595 3767
info@younghuh.com
www.younghuh.com

448 杨基。中国大连。
电话：+86 186 0428 6860
yangji.1968@163.com
www.outerspacedesign.com.cn

158 伊丽莎白·梅特卡尔夫室内设计。
加拿大多伦多。
电话：+11 (1) 416 964 0696
info@emdesign.ca www.emdesign.ca

60 伊莲娜·阿基莫娃。奥地利维也纳。
电话：+43 676 942 92 10
info@akimovadesign.
com www.akimovadesign.com
Instagram: @akimovadesign

326 于莲娜·尼库丽娜。俄罗斯莫斯科。
电话：+7 (916) 459 50 00
yuliannanikulina@mac.com
yninterior.com
www.instagram.com/yuliannanikulina_design

438 约翰·雅各布·兹威格拉尔。南非开普敦。
电话：+27 21 422 0105
info@johnjacob.co.za
www.johnjacobinteriors.com

162 张清平。中国台湾台中市。
电话：+886 4 220 18908
tf@mail.tienfun.tw
www.tienfun.com.tw

486 张玮 中国厦门。
电话：+86 136 250 08277
173755224@qq.com
www.xmyhys.cn

410 珍奈特·瓦西。印度孟买。
电话：+91 9819844059
jannat@jannatvasi.com
www.jannatvasi.com